电梯与自动扶梯结构认知

主　编　高利平　贾宁宁　刘志刚
副主编　袁卫华　张　颖

苏州大学出版社

图书在版编目(CIP)数据

电梯与自动扶梯结构认知/高利平,贾宁宁,刘志
刚主编. —苏州:苏州大学出版社,2021.1
现代电梯技术系列规划教材
ISBN 978-7-5672-3447-5

Ⅰ.①电…　Ⅱ.①高…②贾…③刘…　Ⅲ.①电梯-
高等学校-教材　Ⅳ.①TU857

中国版本图书馆 CIP 数据核字(2021)第 007019 号

电梯与自动扶梯结构认知

高利平　贾宁宁　刘志刚　主编

责任编辑　肖　荣

苏州大学出版社出版发行

(地址:苏州市十梓街 1 号　邮编:215006)

常州市武进第三印刷有限公司印装

(地址:常州市武进区湟里镇村前街　邮编:213154)

开本 787 mm×1 092 mm　1/16　印张 11.5　字数 280 千

2021 年 1 月第 1 版　2021 年 1 月第 1 次印刷

ISBN 978-7-5672-3447-5　定价:36.00 元

前　言

　　电梯由于其安全的特殊性，在我国被列为特种设备，电梯的生产、制造、安装、维修技术要求都高于普通机电产品，其从业人员也需经过长期的实践和专业的训练，并需参加特种设备作业人员专业培训考试，考试合格才能上岗操作。

　　近年来，我国电梯保有量、年产量、年增长量连续多年稳居世界第一。行业的需求催生了教育的发展。2014 年，教育部在高职阶段设置了电梯工程技术专业。由于是新专业，相应的人才培养模式尚需研究探索。目前的课程体系和课程内容不够完善合理，现有的教学资源十分匮乏，而适合学生使用的专业教材更是少之又少。

　　本系列教材根据电梯行业最新技术规范、标准，结合国家职业标准，面向高职高专电梯工程技术专业学生编写，也可作为电梯从业人员的入门教材。本书围绕电梯与自动扶梯的组成系统，以认知部件结构、功能，掌握工作原理为目标任务，按照项目化教学模式进行编写，分为上、下两篇，上篇为电梯结构认知，下篇为自动扶梯结构认知。

　　本书有以下特色：

　　1. 以工作过程为导向，通过项目引领、任务驱动，侧重实践，强调动手能力和团队协作。

　　2. 校企合作，组织编写团队，紧跟产业需求，贴近行业和企业现状。

　　3. 以培养职业能力为目标，渗透国家标准与行业规范。

　　4. 采用丰富的图片，配套练习题、数字教学资源，通过职教云平台，提供立体化教学资源。

　　本书由高利平、贾宁宁、刘志刚担任主编，袁卫华、张颖担任副主编，参加编写的人员有朱年华、金美琴、黄小丽。本书的编写还得到了通力电梯有限公司和苏州远志科技有限公司的领导及技术人员的鼎力支持，在此表示衷心的感谢。

　　由于编者水平有限，书中及配套教学资源难免有不妥和错漏之处，敬请谅解，欢迎使用者提出宝贵意见和建议。

编者

目录 Contents

上篇　电梯结构认知

项目 1

电梯整体结构

目标任务

知识目标：

1. 掌握电梯的定义。
2. 掌握电梯的分类方法及特点。
3. 理解电梯各系统组成部件的作用。

能力目标：

1. 能够正确确定电梯的类型。
2. 能够正确解释电梯的型号。
3. 能够说出电梯的八大系统组成及功用。

知识准备

一、电梯的分类

1. 电梯的定义

根据国家标准 GB/T 7024—2008《电梯、自动扶梯、自动人行道术语》规定的电梯定义：电梯，lift，elevator，服务于建筑物内若干特定的楼层，其轿厢运行在至少两列垂直于水平面或与铅垂线倾斜角小于 15°的刚性导轨运动的永久运输设备，如图 1-1 所示。

值得注意的是，我们平时在商场、车站见到的自动扶梯（图 1-2）和自动人行道（图 1-3）不能被称为电梯，它们只是垂直运输设备中的一个分支或补充。

图 1-1 电梯

图1-2　自动扶梯

图1-3　自动人行道

2. 电梯的分类

（1）按电梯用途分类

1）乘客电梯

乘客电梯（图1-4）是为运送乘客而设计的电梯，代号TK。其适用于高层住宅、办公大楼、宾馆、饭店、旅馆等，用于运送乘客，要求安全舒适、装饰新颖美观，可以手动或自动控制操纵、有/无司机操纵两用，轿厢顶部除照明灯外还需设排风装置，在轿厢侧壁有回风口以加强通风效果，乘客出入方便。额定载重量分为630 kg、800 kg、1 000 kg、1 250 kg、1 600 kg等几种，速度有0.63 m/s、1.0 m/s、1.6 m/s、2.5 m/s等多种。在超高层大楼运行时，速度可以超过3 m/s，甚至达到10 m/s。载客人数多为8~21人，运送效率高。

2）载货电梯

载货电梯（图1-5）主要是为运送货物而设计的电梯，通常有人伴随，代号TH。其用于运载货物及伴随的装卸人员，要求结构牢固可靠，安全性好。为节约动力，保证良好的平层精确度，常取较低的额定速度，运行速度多在1.0 m/s以下。轿厢的空间通常比较宽大，载重量有630 kg、1 000 kg、1 600 kg、2 000 kg等几种。

图1-4　乘客电梯

图1-5　载货电梯

3）客货电梯

客货电梯以运送乘客为主，但也可运送货物，代号TL。它与乘客电梯的主要区别是，轿厢内部装饰不及乘客电梯，一般多为低速运行。

4）病床电梯、医用电梯

病床电梯或医用电梯（图1-6）是为运送病床（包括病人）及医疗设备而设计的电梯，代号TB，在医院中运送病人、医疗器械和救护设备用。其特点是轿厢窄且深，常要求前后贯通开门，运行稳定性要求较高，噪声低，一般有专职司机操作，额定载重量有 1 000 kg、1 600 kg、2 000 kg 等几种。

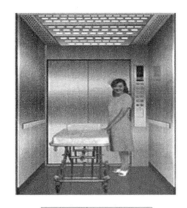

图1-6　病床电梯

5）住宅电梯

住宅电梯是供住宅楼使用的电梯，代号TZ。其主要用于运送乘客，也可运送家用物件或生活用品，多为有司机操作，额定载重量为 400 kg、630 kg、1 000 kg 等，相应的载客人数分别为 5 人、8 人、13 人等，速度在低速与快速之间。其中载重量 630 kg 的电梯，轿厢还允许运送残疾人乘坐的轮椅和童车；载重量 1 000 kg 的电梯还能运送"手把拆卸"式的担架和家具。

6）杂物电梯

杂物电梯（图1-7）只能运送图书、文件、食品等少量货物，不允许人员进入，代号TW。

7）船用电梯

船用电梯是船舶上使用的电梯，代号TC，是固定安装在船舶上，为乘客、船员或其他人员使用的提升设备。它在船舶摇晃时能正常工作，速度一般应小于 1.0 m/s。

图1-7　杂物电梯

8）观光电梯

观光电梯（图1-8）是井道和轿厢壁至少有同一侧透明，乘客可观看轿厢外景物的电梯，代号TG。

9）汽车电梯

汽车电梯（图1-9）是为运送车辆而设计的电梯，代号TQ，用作各种汽车的垂直运输，如高层或多层车库、仓库等。这种电梯轿厢面积较大，要与所运载汽车相适应，其结构应牢固可靠，多无轿顶，升降速度一般都小于 1.0 m/s。

图1-8　观光电梯

图1-9　汽车电梯

10）其他电梯

其他电梯是指具有专门用途的电梯，如斜行电梯、立体停车场用电梯、建筑施工电梯以及防爆电梯、矿井电梯等。

① 斜行电梯（图1-10），轿厢在倾斜的井道中沿着倾斜的导轨运行，是集观光和运输于一体的输送设备。特别是由于土地紧张而将住宅移至山区后，斜行电梯发展迅速。

② 立体停车场用电梯（图1-11）。根据不同的停车场可选配不同类型的电梯。

③ 建筑施工电梯（图1-12）。一种采用齿轮齿条啮合方式（包括销齿传动与链传动，或采用钢丝绳提升），使吊笼做垂直或倾斜运动的机械，用以输送人员或物料，主要应用于建筑施工与维修。

图1-10　斜行电梯

图1-11　立体停车场用电梯

图1-12　建筑施工电梯

（2）按电梯运行速度分类

① 低速梯：轿厢额定速度小于或等于1 m/s的电梯，通常用于10层以下的建筑物内，多为客货两用梯或货梯。

② 中速（快速）梯：轿厢额定速度大于1 m/s且小于2 m/s的电梯，通常用于10层以上的建筑物内。

③ 高速梯：轿厢额定速度自2 m/s起且小于3 m/s的电梯，通常用于16层以上的建筑物内。

④ 超高速梯：轿厢额定速度大于或等于3 m/s的电梯，通常用于超高层建筑物内。

（3）按驱动方式分类

① 交流电梯。用交流感应电动机作为驱动力的电梯。根据拖动方式又可分为交流单速、交流双速、交流调压调速、交流变压变频调速等。

② 直流电梯。用直流电动机作为驱动力的电梯。这类电梯的额定速度一般在2.0 m/s以上。

③ 液压电梯。一般是利用电动泵驱动液体流动，由柱塞使轿厢升降的电梯。

④ 齿轮齿条电梯。将导轨加工成齿条，轿厢装上与齿条啮合的齿轮，电动机带动齿轮旋转使轿厢升降的电梯。

⑤ 螺杆式电梯。将直顶式电梯的柱塞加工成矩形螺纹，再将带有推力轴承的大螺母安装于油缸顶，然后通过电动机经减速机（或皮带）带动螺母旋转，从而使螺杆顶升轿厢上升或下降的电梯。

⑥ 直线电动机驱动的电梯。其动力源是直线电动机。

⑦ 电梯问世初期，曾用蒸汽机、内燃机作为动力直接驱动电梯，现已基本不使用。

（4）按操纵控制方式分类

① 手柄开关操纵电梯。电梯司机在轿厢内控制操纵盘手柄开关，实现电梯的起动、上升、下降、平层、停止的运行状态。

② 按钮控制电梯。一种简单的自动控制电梯，具有自动平层功能，常见的有轿外按钮控制、轿内按钮控制两种控制方式。

③ 信号控制电梯。一种自动控制程度较高的有司机电梯。除具有自动平层、自动开门功能外，还具有轿厢命令登记、层站召唤登记、自动停层、顺向截停和自动换向等功能。

④ 集选控制电梯。一种在信号控制基础上发展起来的全自动控制的电梯，与信号控制的主要区别在于能实现无司机操纵。

⑤ 并联控制电梯。2~3台电梯的控制线路并联起来进行逻辑控制，共用层站外召唤按钮，电梯本身都具有集选功能。

⑥ 群控电梯。用计算机控制和统一调度多台集中并列的电梯。群控有梯群程序控制、梯群智能控制等形式。

（5）按有无电梯机房分类

可分类为有机房电梯和无机房电梯两类，其中每一类又可进一步细分。

1）有机房电梯

有机房电梯根据机房的位置与形式可分为以下几种：

① 机房位于井道上部并按照标准要求建造的电梯；

② 机房位于井道上部、面积等于井道面积、净高度小于 2 300 mm 的小机房电梯；

③ 机房位于井道下部的电梯。

2）无机房电梯

无机房电梯根据曳引机安装位置的不同分为以下几类：

① 曳引机安装在上端站轿厢导轨上的电梯；

② 曳引机安装在上端站对重导轨上的电梯；

③ 曳引机安装在上端站楼顶板下方承重梁上的电梯；

④ 曳引机安装在井道底坑内的电梯。

（6）按曳引机结构形式分类

① 有齿轮曳引机电梯（图1-13）：曳引电动机输出的动力通过齿轮减速器传递给曳引轮，继而驱动轿厢，采用此类曳引机方式的称为有齿轮曳引电梯。

② 无齿轮曳引机电梯（图1-14）：曳引电动机输出的动力直接驱动曳引轮，继而驱动轿厢，采用此类曳引机方式的称为无齿轮曳引电梯。

图1-13　有齿轮曳引机

图1-14　无齿轮曳引机

（7）ISO分类

为适应电梯产品采用国际标准，满足国际间技术交流以及电梯产品进出口贸易的需求，GB/T 7025.1—2008《电梯主参数及轿厢、井道、机房的型式与尺寸　第1部分：Ⅰ、Ⅱ、Ⅲ、Ⅳ类电梯》中采用了与ISO 4190一致的分类方法，即电梯的类别定义为：

Ⅰ类：为运送乘客而设计的电梯。

Ⅱ类：主要为运送乘客，同时也可运送货物而设计的电梯。

Ⅲ类：为运送病床（包括病人）及医疗设备而设计的电梯。

Ⅳ类：主要为运送通常由人伴随的货物而设计的电梯。

Ⅴ类：杂物电梯。

Ⅵ类：为适应大交通流量和频繁使用而特别设计的电梯，如速度为2.5 m/s以及更高速度的电梯。

标准中Ⅰ类、Ⅱ类与Ⅲ类电梯的主要区别在于轿厢内的装饰。住宅用电梯与非住宅用电梯为Ⅰ类电梯，住宅用电梯也可作为Ⅱ类电梯。

（8）其他分类方式

按轿厢尺寸分类，则经常使用"小型""超大型"等抽象词汇表示。此外，还有双层轿厢电梯等。

二、电梯的主要参数及型号编制

1. 电梯的主要参数

电梯的主要参数及基本规格是一台电梯最基本的表征，通过这些参数可以确定电梯的服务对象、运载能力和工作特性。

（1）额定载重量

额定载重量指能保证电梯安全、正常运行的允许载重量，是电梯设计所规定的轿厢载重量，单位为"kg"。电梯的额定载重量主要有400 kg、630 kg、800 kg、1 000 kg、1 250 kg、1 600 kg、2 000 kg、2 500 kg等。对于乘客电梯，也常用乘客人数或限载人数来表示，其值等于额定载重量除以75 kg后取整，常用的乘客人数为8人、10人、13人、16人、21人等。

（2）额定速度

额定速度是指保证电梯安全、正常运行及舒适性所允许轿厢运行的速度，是电梯设计时所规定的轿厢运行速度，单位为"m/s"。对电梯制造厂和安装单位来说，额定速度也是设计、制造及安装电梯的依据；对用户而言，则是检测电梯速度特性的主要依据。额定速度也是电梯的主参数之一。常见的额定速度有 0.63 m/s、1.6 m/s、1.75 m/s、2.5 m/s 等。

（3）轿厢尺寸

轿厢尺寸包括轿厢内部尺寸和外廓尺寸，以"深×宽"表示，一般以"mm"为单位。内部尺寸由梯种和额定载重量确定，是控制载重量的主要指标；外廓尺寸关系到井道的设计。

（4）厅门、轿门形式

厅门、轿门形式指结构形式及开门方向，可分为中分式门、旁开门、直分门和双折门等几种。按材质与功能可分为普通门和消防门等。

（5）层站数

层站数指建筑物中的楼层数和电梯所停靠的层站数。电梯运行过程中的建筑层为层，各层楼用以出入轿厢的地点为站。例如，电梯实际行程 15 层，有 11 个出入轿厢的层门，则为 15 层/11 站。

（6）开门宽度

开门宽度指电梯轿门和层门完全开启时的净宽度，一般以"mm"为单位。

（7）井道尺寸

井道尺寸指井道的宽×深，一般以"mm"为单位。

（8）提升高度

提升高度是指从底层端站地坎上表面至顶层端站地坎上表面之间的垂直距离，一般以"mm"为单位。

（9）顶层高度

顶层高度指由顶层端站地坎上表面到井道天花板之间的垂直距离，一般以"mm"为单位。

（10）底坑深度

底坑深度指由底层端站地坎上表面至井道地面之间的垂直距离，一般以"mm"为单位。

（11）井道高度

井道高度指由井道底面到井道天花板之间的垂直距离，单位为"mm"。

以上为电梯的主要规格参数，电梯的其他参数还有电梯的用途、拖动方式、控制方式等。电梯的主要参数是电梯采购及厂家设计、制造的重要依据。

2.电梯的型号编制

（1）编制方法

JJ 45—1986《电梯、液压梯产品型号编制方法》中，对电梯型号的编制方法做了如下规定：

电梯、液压梯产品的型号由类、组、型，主参数和控制方式等三部分代号组成。第二、三部分之间用短线分开（图 1-15）。

第一部分是类、组、型和改型代号，类、组、型代号用具有代表意义的大写汉语拼音字母表示。产品的改型代号按顺序用小写汉语拼音字母表示，置于类、组、型代号的右下方，如无可以省略不写。

第二部分是主参数代号，其左上方为电梯的额定载重量，右下方为额定速度，中间用斜线分开，均用阿拉伯数字表示。

第三部分是控制方式代号，用具有代表意义的大写汉语拼音字母表示。

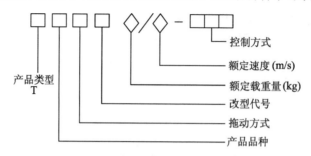

图 1-15　电梯型号编制方法

（2）代号说明

产品类型代号如表 1-1 所示。

表 1-1　产品类型代号

产品类型	代表汉字	拼　音	采用代号
电梯	梯	TI	T
液压梯			

产品品种代号如表 1-2 所示。

表 1-2　产品品种代号

产品品种	代表汉字	拼　音	采用代号
乘客电梯	客	KE	K
载货电梯	货	HUO	H
客货（两用）电梯	两	LIANG	L
病床电梯	病	BING	B
住宅电梯	住	ZHU	Z
杂物电梯	物	WU	W
船用电梯	船	CHUAN	C
观光电梯	观	GUAN	G
汽车电梯	汽	QI	Q

拖动方式代号如表 1-3 所示。

表 1-3　拖动方式代号

拖动方式	代表汉字	拼音	采用代号
交流	交	JIAO	J
直流	直	ZHI	Z
液压	液	YE	Y

主参数代号如表 1-4 所示。

表 1-4　主参数代号

主参数	额定载重量/kg				额定速度/（m/s）			
	400	630	800	1 000	0.63	1.0	1.6	2.5
表示	400	630	800	1 000	0.63	1.0	1.6	2.5

控制方式代号如表 1-5 所示。

表 1-5　控制方式代号

控制方式	代表汉字	采用代号
手柄开关控制、自动门	手、自	SZ
手柄开关控制、手动门	手、手	SS
按钮控制、自动门	按、自	AZ
按钮控制、手动门	按、手	AS
信号控制	信号	XH
集选控制	集选	JX
并联控制	并联	BL
梯群控制	群控	QK

型号编制示例如下：

① TKJ 1000/1.6-JX：交流乘客电梯，额定载重量为 1 000 kg，额定速度为 1.6 m/s，集选控制。

② TKZ 1600/2.5-JXW：直流乘客电梯，额定载重量为 1 600 kg，额定速度为 2.5 m/s，微机集选控制。

改革开放以来，众多国外制造厂家的产品以合资或独资制造等方式涌入国内。每个公司都有自己的电梯型号表示方法，合资厂也沿用原公司的型号命名规定，种类繁多。有以电梯生产厂家及生产产品序号编制的，如 TOEC-90；有以英文字头代表电梯的种类，以产品类型序号区分的，如三菱电梯 GPS-Ⅱ；有以英文字头代表产品种类，配以数字表征电梯参数的，如广日电梯 YP-15-CO90。

三、电梯的结构组成

1. 电梯整体结构

电梯是机械与电气设备的有机结合体，如同人的身体一样，有提供动力的心脏——主机，指挥行动的大脑——控制系统，执行动作的四肢——运动系统等。通过这些部件的协调配合，来保证轿厢正常运行。图 1-16 是电梯整体结构图，其中各部分装置与结构见图示。

2. 电梯的组成及空间分布

不同规格型号的电梯，其功能和技术要求不同，配置与组成也不同，这里我们以比较典型的曳引式电梯为例进行介绍。电梯是一种复杂的机电产品，从电梯空间位置使用来看，由四个部分组成：依附建筑物的机房，井道，运载乘客或货物的空间——轿厢，乘客或货物出入轿厢的地点——层站，即机房、井道、轿厢、层站。曳引式电梯的空间构成及其主要部件如图 1-17 所示。

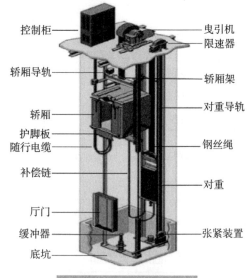

图 1-16　电梯整体结构

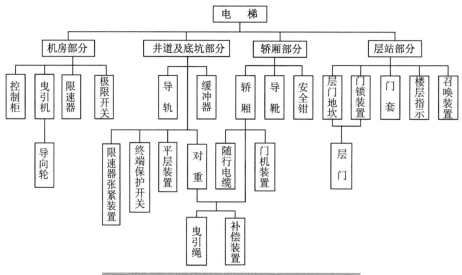

图 1-17　电梯的组成（从占用四个空间划分）

（1）电梯机房

电梯机房位于电梯井道的最上方或最下方，用于装设曳引机、控制柜、限速器、总电源配电箱等。

（2）电梯井道

电梯井道是为轿厢和对重装置运行而设置的空间。该空间是以井道底坑的底井道壁和顶为界限的。

（3）电梯轿厢

轿厢是运载乘客或其他载荷的部件。轿厢部分包括轿厢、安全钳、自动开门机、平层装置、操纵箱等。

（4）电梯层站

层站是电梯在各楼层的停靠站，是乘客出入电梯的地方。其中上（下）端站是最高（最低）的层站。层站部分包括层门、层站呼梯盒、层楼显示装置等。

3. 电梯的八大功能系统

根据电梯运行过程中各组成部分所发挥的作用与实际功能，可以将电梯划分为曳引、导向、轿厢、门、重量平衡、电力拖动、电气控制、安全保护八个相对独立的系统（图 1-18），表 1-6 列出了这八大系统的主要功能和组成。

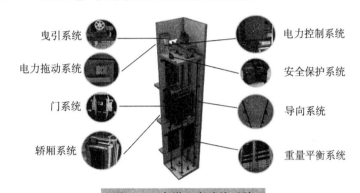

图 1-18 电梯八大功能系统

表 1-6 电梯八大系统的功能及主要构件与装置

系统类别	功　　能	主要构件与装置
曳引系统	输出与传递动力，驱动电梯运行	曳引机、曳引钢丝绳、导向轮、反绳轮等
导向系统	限制轿厢和对重的活动自由度，使轿厢和对重只能沿着导轨做上下运动，承受安全钳工作时的制动力	轿厢（对重）导轨、导靴及其导轨架等
轿厢系统	用以装运并保护乘客或货物的组件，是电梯的工作部分	轿厢架和轿厢体
门系统	供乘客或货物进出轿厢时用，运行时必须关闭，保护乘客和货物的安全	轿厢门、层门、开关门系统及门附属零部件
重量平衡系统	相对平衡轿厢的重量，减小驱动功率，保证曳引力的产生，补偿电梯曳引绳和电缆长度变化转移带来的重量转移	对重装置和重量补偿装置
电力拖动系统	提供动力，对电梯运行速度实行控制	曳引、供电系统、速度反馈装置、电动机调速装置等

续表

系统类别	功 能	主要构件与装置
电气控制系统	对电梯的运行实行操纵和控制	操纵箱、召唤箱、位置显示装置、控制柜、平层装置、限位装置等
安全保护系统	保证电梯安全使用，防止危及人身和设备安全的事故发生	机械保护系统：限速器、安全钳、缓冲器、端站保护装置等 电气保护系统：超速保护装置、供电系统断相错相保护装置、超越上下极限工作位置的保护装置、层门锁与轿门电气联锁装置等

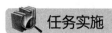 任务实施

一、课堂准备

课堂准备及布置如下。

场地准备	课堂布置
6人用实训场地五块，对应数量的课桌椅，黑板一块，多媒体教学设备一套	小组成员坐在同一区域内，以便讨论

二、设备准备

对应小组数量的教学电梯、自动扶梯、自动人行道，供学生上课时认识。

三、任务布置

按要求进行分组，完成以下任务。

1. 仔细观察教学电梯、扶梯（或在用电梯）的形状与结构，分别讲出按照用途、速度、驱动方式、操纵控制方式、有无电梯机房、曳引机结构形式来分属于哪一类电梯，并填写完成表1-7。

表1-7 电梯分类记录

分类方式	电梯编号					
	1#电梯	2#电梯	3#电梯	4#电梯	5#电梯	6#电梯
用途						
速度						
驱动方式						
操纵控制方式						
有无电梯机房						
曳引机结构形式						

2. 仔细观察教学电梯的零部件形状与结构，在电梯上找出表1-8中的元件、安装位置，指出各部件所属的空间位置，填写它们的所属系统。

表1-8 电梯八大系统认识项目单

图　　片	名　　称	空间位置	所属系统

续表

图　　片	名　　称	空间位置	所属系统
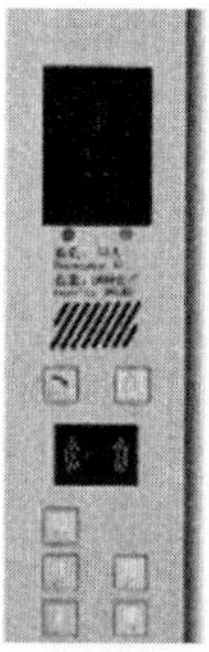			
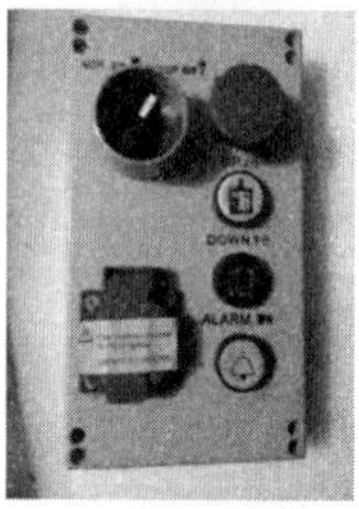			

考核评价

形式：现场测试
时间：10分钟
内容要求： 　1. 请老师随机指出2台电梯，学生回答电梯类型、型号并解释型号的含义。 　2. 请老师随机指出3个电梯部件名称，学生在电梯上找出实物，并回答所属空间位置及系统。
记录：

作业巩固

1. 通常我们称速度_____的电梯为低速电梯；速度_____的电梯为快速电梯；速度_____的电梯为高速电梯；速度_____的电梯为超高速电梯。

2. 电梯按照用途可分为_____、_____、_____、_____、_____、_____、_____、_____等。

3. 电梯按操控方式可分为_____、_____、_____、_____、_____等。

4. 电梯按曳引机结构形式可分为_____、_____。

5. 电梯由_____、_____、_____、_____四个部分组成。

6. 电力拖动系统由曳引电动机、_____、_____等组成。

7. 曳引系统输出动力，驱动电梯运行，由_____、_____、_____等组成。

8. 安全保护系统由限速器、_____、_____和_____等装置组成。

9. 按照功能区分，电梯由电力拖动、_____、_____、_____、_____、_____、_____、_____等八个功能系统组成。

10. 电梯的产品标牌上应标明（　　）。

A. 电梯额定载重量　　B. 电梯额定速度　　C. 电梯自重　　D. 电梯提升高度

11. 电梯按用途可分为（　　）。

A. 交流电梯、直流电梯、液压电梯等

B. 乘客电梯、载货电梯、杂物电梯、病床电梯等

C. 集选电梯、并联电梯、群控电梯等

D. 自动电梯、手动电梯、信号电梯、按钮控制电梯等

12. 对集中排列的多台电梯，由计算机根据客流状况，自行选择最佳运行控制方式的电梯是采用（　　）控制的。

A. 按钮　　　　　　B. 集选　　　　　　C. 并联　　　　　　D. 群控

13. Ⅱ类电梯是（　　）。

A. 为运送乘客而设计的电梯

B. 主要为运送乘客，同时也可运送货物而设计的电梯

C. 为运送病床而设计的电梯

D. 为运送通常由人伴随的货物而设计的电梯

14. （　　）系统由轿厢门、层门、开关门系统、联动机构、门锁等组成。

A. 导向　　　　　　B. 曳引　　　　　　C. 门　　　　　　D. 安全保护

15. （　　）系统由操作装置、位置显示装置、控制屏、平层装置、选层器等组成。

A. 曳引　　　　　　B. 重量平衡　　　　C. 电力拖动　　　　D. 电气控制

16. （　　）系统由导轨、导靴和导轨架组成。

A. 导向　　　　　　B. 曳引　　　　　　C. 重量平衡　　　　D. 轿厢

项目 2

电梯曳引系统结构

▶ **目标任务** ◀

知识目标：

1. 掌握曳引式电梯的工作原理。

2. 掌握曳引系统各组成部件的结构与功能。

3. 掌握曳引绳的缠绕方式与特点。

能力目标：

1. 能够正确辨识曳引系统各部件。

2. 能够正确辨识电梯钢丝绳的缠绕方式。

知识准备

一、曳引驱动电梯工作原理

1. 曳引系统整体认知

曳引驱动形式在电梯产品中的应用最为广泛（图 2-1）。曳引系统由曳引机、导向轮、反绳轮及钢丝绳组成，如图 2-2 所示。安装在机房的电动机与减速器、制动器等组成曳引机（图 2-3），是曳引驱动的动力。曳引钢丝绳通过曳引轮一端连接轿厢，另一端连接对重装置。为使井道中的轿厢与对重各自沿井道中导轨运行而不相蹭，曳引机上放置一导向轮使二者分开。轿厢与对重装置的重力使曳引钢丝绳压紧在曳引轮槽内产生摩擦力（图 2-4）。这样，电动机转动带动曳引轮转动，驱动钢丝绳，拖动轿厢和对重做相对运动，即轿厢上升，对重下降；对重上升，轿厢下降。于是，轿厢在井道中沿导轨上下往复运行，电梯执行垂直运送任务。曳引式电梯的曳引驱动关系如图 2-5所示。

图 2-1 曳引驱动式电梯

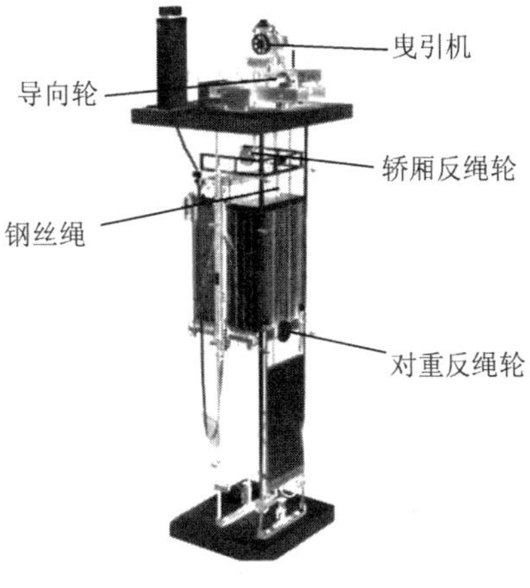

图 2-3 曳引机

图 2-2 曳引系统组成

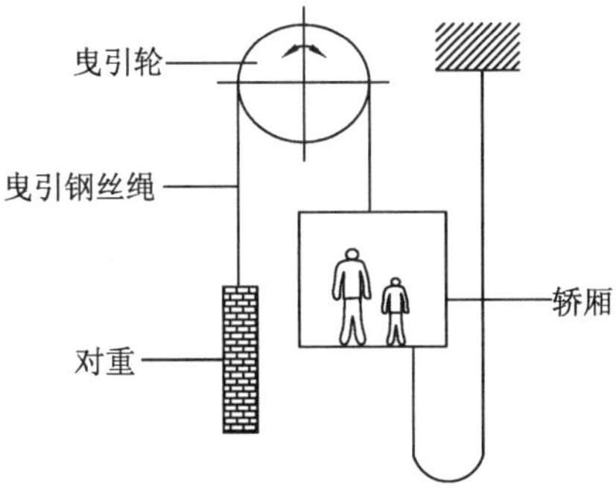

图 2-4 曳引驱动示意

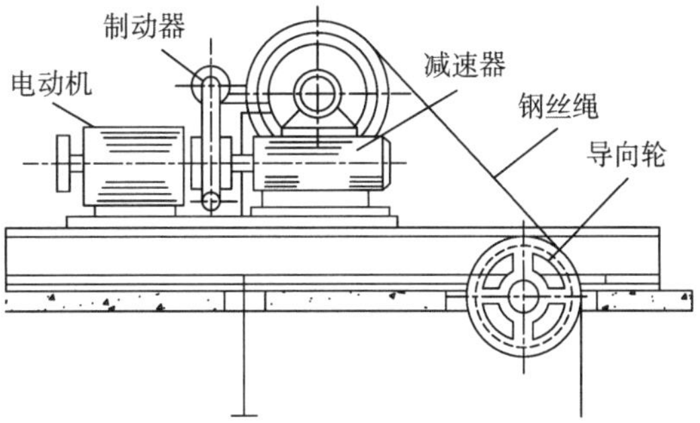

图 2-5 曳引驱动关系

2. 曳引系统的优点

曳引式提升机构得到广泛应用，在于其具有如下优点：

① 安全可靠。当轿厢或对重由于某种原因冲击底坑中的缓冲器时，曳引钢丝绳作用在曳引轮绳槽中的压力消失，曳引力随即消失，此时即使曳引机继续运转，也不会使轿厢或对重继续向上运行，从而可以减少人员伤亡事故和财产损失的发生。

② 提升高度大。由于采用曳引式提升机构，曳引钢丝绳的长度几乎不受限制，因此可用于高层建筑的电梯。

③ 结构紧凑。采用曳引驱动形式，可避免在卷筒方式中因曳引钢丝绳在卷筒上缠绕导致卷筒直径过大、因卷筒直径变化导致曳引绳速度变化等问题产生（尤其在提升高度很大时）。而且采用多根钢丝绳可保证高的安全系数，减小曳引轮直径，使整个提升机构更加紧凑。

④ 可以使用高转速电动机。在电梯额定速度一定的情况下，曳引轮直径越小，则曳引轮转速越高。因此采用曳引式提升机构便于选用结构紧凑、价格便宜的高转速电动机。

二、曳引机

1. 曳引机的结构

曳引系统中的曳引机是电梯的动力来源，曳引机的功能是输送动力使电梯运行。曳引机分为有齿轮曳引机和无齿轮曳引机，分别如图2-6和图2-7所示。无齿轮曳引机的应用相对广泛，其具体的组成部件如图2-8所示。通常曳引机由电动机、制动器、减速器（有齿轮）、机架、曳引轮及盘车手轮等组成。

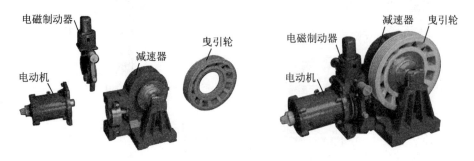

图2-6　有齿轮曳引机

图2-7　无齿轮曳引机

图2-8　无齿轮曳引机部件

（1）曳引电动机

由于电梯经常处于负载变化、转换方向的运行中，每一次停靠，电梯均须完成起动、调速和制动等一系列工作，客流量大的电梯，电动机每天起动的次数可高达数百次甚至上千次，因此电梯曳引电动机应具有以下特点：

① 能重复短时工作，频繁起动、制动及正转、反转。

② 能适应电源电压在一定范围内的波动，有足够的起动转矩，且起动电流较小。

③ 具有良好的调速性能，转动平稳、工作可靠、噪声小、维护方便。

（2）减速器

减速器的作用是将电动机输出的较高转速降低到曳引轮所需的较低转速，同时得到较大的转矩，以满足电梯运行的要求。在电梯中，蜗轮蜗杆减速器使用得比较广泛。减速器可分为上置式减速器和下置式减速器。

蜗杆减速器（图 2-9）由带主动轴的蜗杆与安装在壳体轴承上带从动轴的蜗轮组成，其减速比可在 18~120 范围内，蜗轮的齿数不少于 30，其效率不如齿轮减速器，但其结构紧凑，外形尺寸不大。

蜗杆减速器的特点：传动比大，噪声小，传动平稳，而且当由蜗轮传动蜗杆时，反效率低，有一定的自锁能力；可以增加电梯制动力矩，增加电梯停车时的安全性。

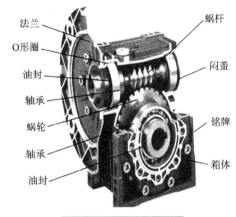

图 2-9 蜗杆减速器

（3）制动器

制动器是电梯重要的安全装置。GB 7588—2003《电梯制造与安装安全规范》规定：电梯必须设有制动系统，在动力电源失电或控制电路电源失电的情况下能自动动作。电梯的机-电式制动器必须是"常闭式"制动器，即通电时制动器释放，不论什么原因失电时应立即制动。

制动器一般安装在电动机与减速器之间，也有的安装在蜗杆轴的尾端，但都是安装在高速轴上，这样所需的制动力矩小，制动器的结构尺寸可以减小。制动轮也大都是电动机与减速器之间的联轴器。应注意制动轮必须在蜗杆一侧，以保证联轴器破断时，电梯仍能被制停。

（4）联轴器

联轴器是连接曳引电动机轴与减速器蜗杆轴的装置，用以传递由一根轴延续到另一根轴上的扭矩，也是制动器装置的制动轮，安装在曳引电动机轴端与减速器蜗杆轴端的结合处。常用的曳引机一般采用刚性联轴器（图 2-10）或弹性联轴器（图 2-11）。

对于蜗杆轴采用滑动轴承的结构一般采用刚性联轴器，因为此时轴与轴承的配合间隙较大，刚性联轴器有助于蜗杆轴的稳定转动。刚性联轴器要求两轴之间的同轴度较高。

当蜗杆轴采用滚动轴承的结构时，一般采用弹性联轴器。由于联轴器中的橡胶块能在一定范围内自动调节电动机轴与蜗杆之间的不同轴度，所以允许安装时有较大的不同轴度（不大于 0.1 mm）。另外，弹性联轴器对传动中的振动具有减缓作用。

图 2-10　刚性联轴器

图 2-11　弹性联轴器

三、曳引轮、导向轮、反绳轮

1. 曳引轮

曳引轮（图 2-12）是曳引机上的绳轮，也称为曳引绳轮或驱动绳轮，是电梯传递曳引动力的装置，利用曳引钢丝绳与曳引轮缘上绳槽的摩擦力传递动力。曳引机依靠曳引轮上的绳槽与钢丝绳之间产生的摩擦力，带动轿厢、对重和负载等，因此曳引轮质量的好坏对电梯运行状态有很大影响，要求曳引轮强度大、韧性好、耐磨损、耐冲击。

曳引轮上严禁涂润滑油润滑，以防影响电梯的曳引能力。

（1）曳引轮的材料及结构要求

1）材料及工艺要求

由于曳引轮需要承受轿厢、载重量、对重等装

图 2-12　曳引轮与钢丝绳

置的全部动静载荷，所以要求曳引轮强度大、韧性好、耐磨损、耐冲击，因此在材料上多用 QT60-2 球墨铸铁。为了减少曳引钢丝绳在曳引轮绳槽内的磨损，除了选择合适的绳槽槽型外，对绳槽工作表面的粗糙度、硬度应有合理的要求。

2）曳引轮的直径

曳引轮的直径要大于钢丝绳直径的 40 倍。在实际中，一般都取 45~55 倍，有时甚至大于 60 倍。为了减小曳引机的体积，增大减速器的减速比，其直径大小应适宜。

3）曳引轮的构造形式

整体曳引轮由两部分构成，中间为轮筒（鼓），外面制成轮圈式绳槽切削在轮圈上，外轮圈与内轮筒套装，并用铰制孔螺栓连接在一起构成一个曳引轮整体。曳引轮的轴就是减速器内的蜗轮轴。

（2）曳引轮绳槽形状

曳引驱动电梯运行的曳引力是依靠曳引绳与曳引轮绳槽之间的摩擦力产生的，因此曳引轮绳槽的形状直接关系到曳引力的大小和曳引绳的寿命。曳引轮绳槽的形状，常用的有半圆槽、V 形槽、带切口的半圆槽（又称凹形槽）（图 2-13）。

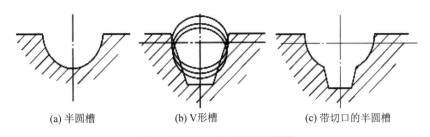

(a) 半圆槽　　(b) V形槽　　(c) 带切口的半圆槽

图 2-13　曳引轮绳槽形状

1）半圆槽

半圆槽与曳引绳接触面积大，曳引绳变形小，有利于延长曳引绳和曳引轮寿命。但这种绳槽的当量摩擦系数小，因此曳引能力低。为了提高曳引能力，必须用复绕曳引绳的方法，以增大曳引绳在曳引轮上的包角。半圆槽多用在全绕式高速无齿轮曳引机直流电梯上，还广泛用于导向轮、轿顶轮、对重轮的绳槽。

2）V形槽

V形槽的两侧对曳引绳产生很大的挤压力，曳引绳与绳槽的接触面积小，接触面的单位压力大，曳引绳变形大，曳引绳与绳槽间具有较高的当量摩擦系数，可以获得很大的驱动力。但这种绳槽的槽形和曳引绳的磨损都较快，而且当槽形磨损、曳引绳中心下移时，槽形就接近带切口的半圆槽，当量摩擦系数很快下降。因此，这种槽形的范围受到限制，只在轻载、低速电梯上应用。曳引轮V形槽应用见图2-14。

图 2-14　曳引轮 V 形槽应用

3）凹形槽（带切口的半圆槽）

带切口的半圆槽，是在半圆槽的底部切制一条楔形槽，曳引绳与绳槽接触面积减小，比压增大，曳引绳在楔形槽处发生弹性变形，部分楔入沟槽中，使当量摩擦系数大为增加，一般为半圆槽的 1.5~2 倍，使曳引能力增加。这种槽形既能使当量摩擦系数大，又能使曳引绳磨损小，特别是当槽形磨损、曳引绳中心下移时，由于预制的楔形槽的作用，具有使当量摩擦系数基本保持不变的优点，这种槽形在电梯曳引轮上应用得最多。

2. 导向轮、反绳轮

导向轮（图 2-15）是将曳引绳引导到对重架或轿厢的绳轮，其作用是改变曳引绳的位置。反绳轮（图 2-16）是设置在轿厢架和对重框架上部的动滑轮。根据需要曳引绳绕过反绳轮可以构成不同的曳引比。

与曳引轮和导向轮不同，反绳轮不是所有电梯中都一定要安装的，它不会出现在曳引比为 1∶1 的电梯中。其作用是减小曳引机的输出功率和力矩。

其实，导向轮、反绳轮和曳引轮都只是搭载曳引绳的一个圆轮，但它们因为使用的地方和使用效果不同，所以名称也有区别。

图 2-15 导向轮

图 2-16 反绳轮

四、曳引绳

电梯曳引钢丝绳承受着电梯全部的动载荷，并不断地弯曲、承受弯曲应力，钢丝绳在绳槽中也承受着较高的挤压应力与摩擦力，所以要求曳引钢丝绳应有较高的强度、挠性和耐磨性。

1. 钢丝绳的结构、材料要求

曳引钢丝绳一般采用圆形股状结构。钢丝是钢丝绳的基本组成部件，要求钢丝有很高的强度和韧性（含挠性）。图 2-17 为钢丝绳结构图。

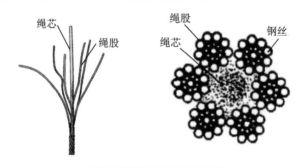

图 2-17 钢丝绳结构图

钢丝绳股由若干根钢丝捻成，钢丝是钢丝绳的基本强度单元。每一个绳股中含有相同规格和数量的钢丝，并按一定的捻制方法制成绳股，再由若干根绳股编制成钢丝绳，股数多，疲劳强度就高。绳芯是被绳股所缠绕的挠性芯棒，通常由剑麻纤维或聚烯烃类（聚丙烯或聚乙烯）等合成纤维制成，能起到支承和固定绳股的作用，且能贮存润滑剂。GB 8903—2005《电梯用钢丝绳》中规定电梯使用的曳引钢丝绳一般是 6 股和 8 股，即 6×19S+NF 和 8×19S+NF 两种。6×19S+NF 型钢丝绳为 6 股，每股 3 层，外侧两层均为 9 根钢丝，内部为 1 根钢丝；8×19S+NF 型与 6×19S+NF 型结构相同，钢丝绳为 8 股，每股 3 层，外侧两层均为 9 根钢丝，内部为 1 根钢丝。上述钢丝绳直径有 6 mm、8 mm、11 mm、13 mm、16 mm、19 mm、22 mm 等几种规格。使用线接触西鲁型钢丝绳作曳引钢丝绳，其结构和直径应符合表 2-1 中的要求。

表 2-1 钢丝绳结构和直径

钢丝绳结构	公称直径/mm
6×19S+FC	6, 8, 11, 13, 16, 19, 22
8×19S+FC	8, 10, 11, 13, 16, 19, 22

GB 8903—2005 对钢丝的化学成分、力学性能等也做了详细规定，要求由含碳量为 0.4%~1% 的优质钢材制成，材料中的硫、磷等杂质的含量小于 0.035%。

2. 标记方法

钢丝绳的标记按 GB 8903—2005 中的规定标记。

结构为 8×19 西鲁式（外粗式），绳芯为纤维芯，公称直径为 13 mm，钢丝公称抗拉强度为 1 370/1 770 （1 500） MPa，表面状态光滑，双强度配制，捻制方法为右交互捻的电梯用钢丝绳，标记为：13NAT8×19S+FC-1500 （双） ZS—GB 8903—2005。

3. 曳引钢丝绳的安全技术要求

GB 7588—2003《电梯制造与安装安全规范》规定：钢丝绳最少应有 2 根，每根钢丝绳应是独立的。钢丝绳的安全系数应按附录 N（标准的附录）计算，对于用 3 根或 3 根以上钢丝绳的曳引驱动电梯，其静载安全系数应不小于 12；对于用 2 根钢丝绳的曳引驱动电梯，其静载安全系数应不小于 16。无论根数多少，钢丝绳的公称直径应不小于 8 mm。

无论钢丝绳的股数多少，曳引轮或滑轮（或卷筒）的节圆直径与悬挂绳的公称直径之比应不小于 40。

钢丝绳的报废标准如下：

① 为了保证电梯正常运行，钢丝绳报废的主要判断准则是：在一段预先选定的长度上，检查其可见钢丝破断数目，检查长度为 $6d$ 或 $30d$（d 为钢丝绳直径）。当钢丝绳的可见断丝超过规定数目时，必须更换。

② 当钢丝绳出现绳端断丝、断丝局部集聚等现象，也应考虑报废。钢丝绳直径相对于公称直径减少 10% 以上时，即使未发现断丝，该钢丝绳也应报废。

③ 当钢丝绳上出现断股时应立即报废，单丝磨损超过原直径的 40% 时应立即报废。

④ 新挂钢丝绳，发现其中断丝数较多、弯曲、笼形畸变时，不得使用。

⑤ 当表面磨损或腐蚀占直径的百分比达到 30% 时，不管有无断丝都应报废。

⑥ 当发生突然停车，轿厢被卡住或坠落时，要对遭受猛烈冲击的一段钢丝绳进行仔细检查。在伸长或被挤压处做标记，发现损坏或其长度增加 0.5% 以上时必须更换。

⑦ 当钢丝绳锈蚀严重、点蚀麻坑形成沟纹、外层松动时，不论断丝数是否超标或绳径是否变小，都应立即更换。

4. 钢丝绳的性能要求

由于曳引绳在工作中反复被弯曲，且在绳槽中承受很高的比压，并频繁承受电梯起动、制动时的冲击，所以在强度、耐磨性及挠性方面，均有很高的要求。

（1）强度

对曳引绳的强度要求，体现在静载安全系数上。

静载安全系数

$$K_{静} = Pn/T \qquad (2-1)$$

式中：$K_{静}$——钢丝绳的静载安全系数；

P——钢丝绳的最小破断拉力（N）；

n——钢丝绳根数；

T——作用在轿厢侧钢丝绳上的最大静载荷（N）。

$T=$轿厢自重+额定载重+作用于轿厢侧钢丝绳的最大自重。

对于 $K_{静}$，我国规定大于 12。

从使用安全的角度看，曳引绳强度要求的内容还应加上对钢丝绳根数的要求。我国规定不少于 2 根。

（2）耐磨性

电梯在运行时，曳引绳与绳槽之间始终存在着一定的滑动，产生摩擦，因此要求曳引绳必须有良好的耐磨性。钢丝绳的耐磨性与外层钢丝的粗度有很大关系，因此曳引绳多采用外粗式钢丝绳，外层钢丝的直径一般不小于 0.6 mm。

（3）挠性

良好的挠性能减少曳引绳弯曲时的应力，有利于延长使用寿命，为此，曳引绳均采用纤维芯结构的双挠绳。

5. 钢丝绳端接装置（绳头组合）

曳引绳的两端要与轿厢、对重或机房的固定结构相连接。该连接装置即为绳端接装置，一般称为绳头组合（图 2-18）。

GB/T 10060—2011《电梯安装验收规范》中规定：悬挂绳端接装置（绳头组合）应安全可靠，其铰紧螺母均应装有锁紧销。绳头组合至少应设置一个自动调节装置，用来平衡各绳的张力，使任何一根绳的张力与所有绳的张力平均值的偏差均不大于 5%。可以通过调节绳头组合上的螺母来调节钢丝绳的张力。当螺母拧紧时，弹簧受压，曳引钢丝绳的拉力随之增大，曳引绳被拉紧；反之，当螺母放松时，弹簧伸长，曳引钢丝绳受力减小，曳引绳就变得松弛。

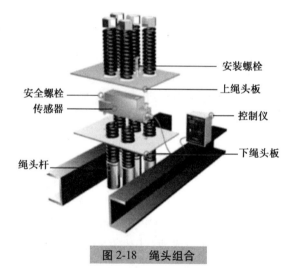

图 2-18　绳头组合

端接装置不仅用以连接钢丝绳和轿厢等结构，还要缓冲工作中曳引绳的冲击载荷、均衡各根钢丝绳中的张力，并能对钢丝绳的张力进行调节。端接装置的连接必须牢固，GB 7588—2003《电梯制造与安装安全规范》中规定：钢丝绳与其端接装置的结合处至少应能承受钢丝绳最小破断负荷的 80%。

电梯中常用的连接钢丝绳与绳头端接装置的方法有以下几种。

（1）绳夹（图2-19）

用绳夹固定绳头是十分方便的方法。但必须注意绳夹规格与钢丝绳直径的配合和夹紧的程度。固定时必须使用3个以上绳夹，而且U形螺栓应卡在钢丝绳的短头。绳夹的连接由于强度不稳定，一般只用在杂物电梯上。

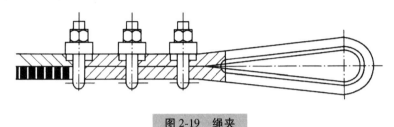

图2-19　绳夹

（2）自锁楔形绳套（图2-20）

依靠楔块与套筒孔斜面配合，在拉力作用下自动锁紧。自锁楔形绳套结构简单，装拆方便，因此在电梯中得到越来越多的应用。

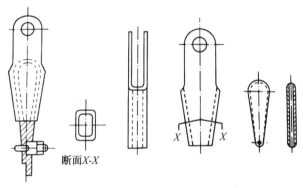

断面X-X

图2-20　自锁楔形绳套

（3）浇灌锥套（图2-21）

先将钢丝绳穿过锥形套筒内孔，将绳头拆散，剪去绳芯，洗净油污，将绳股或钢丝向绳中心折弯（俗称"扎花"），折弯长度不小于钢丝直径的2.5倍，然后把已熔化的巴氏合金（轴承合金）注入锥套的锥孔内，冷却凝固即组合完毕。该结构下钢丝绳强度不受影响，安全可靠，因此在电梯中得到广泛应用。锥套用35#~45#锻钢或铸钢制造，分离的吊杆可用10#、20#钢制造。浇灌时要注意锥套最好进行烘烤预热以除去可能存在的水分。巴氏合金的温度不能太高，但也不能太低，太低了浇灌时充盈性不好，太高容易烧伤钢丝绳，一般为330~360℃。浇灌要一次完成，要让熔化的合金充满整个锥套。

图2-21　浇灌锥套

6. 钢丝绳绕法

钢丝绳绕法有1∶1，2∶1，3∶1，4∶1，即曳引轮的线速度与轿厢升降速度之比分别为1∶1，2∶1，3∶1，4∶1，如图2-22所示。

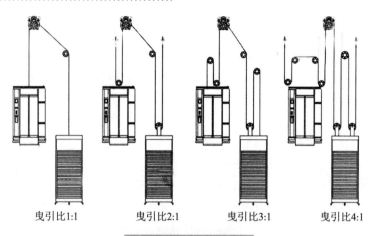

|曳引比1:1|曳引比2:1|曳引比3:1|曳引比4:1|

图 2-22 钢丝绳绕法

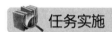 任务实施

一、课堂准备

课堂准备及布置如下。

场地准备	课堂布置
6人用实训场地五块，对应数量的课桌椅，黑板一块，多媒体教学设备一套	小组成员坐在同一区域内，以便讨论

二、设备准备

对应小组数量的教学曳引机及其部件，供学生上课时认识。

三、任务布置

按要求进行分组，完成以下任务。

仔细观察曳引系统各部件，并填写表 2-2。

表 2-2 曳引系统设备部件

图　　片	名　　称	所属系统	作　　用

续表

图 片	名 称	所属系统	作 用

考核评价

形式：现场测试
时间：10 分钟
内容要求： 　　1. 请老师随机指出 3 个电梯曳引系统设备部件，学生观察后回答该部件的名称、作用、工作原理。 　　2. 学生根据机房绳头形式，指出钢丝绳的绕法，以及绳头与轿厢的速度比。
记录：

作业巩固

1. 通常曳引机由_____、_____、_____、机架、曳引轮及盘车手轮等组成。

2. 有齿轮曳引机由_____、_____、电动机、曳引轮、机架和导向轮及附属盘车手轮等组成。其中导向轮的作用是_____。

3. 常用的曳引轮绳槽有三种形式，不包括（　　）。

A. 凹形　　　　　　B. 半圆形　　　　　C. 圆形　　　　　D. V 形

4. 为了保证调速时电动机转矩不变，在变化频率时，也要对（　　）做相应调节，这种方法叫作 VVVF 调速法。

A. 定子的电阻　　B. 定子的电流　　C. 定子的电压　　D. 转速

5. 蜗杆传动的特点不包括（　　　）。

A. 传动比小　　　　B. 运行平稳　　　　C. 噪声小　　　　D. 体积小

6. 有齿轮曳引机广泛用于运行速度小于或等于（　　　）的各种客货梯和杂物电梯上。

A. 1.0 m/s　　　　B. 2.0 m/s　　　　C. 3.0 m/s　　　　D. 3.5 m/s

7. 电梯正常运行时，制动器应在（　　　）下保持松开状态。

A. 不通电　　　　B. 持续通电　　　　C. 断电　　　　D. 带电

8. 切断制动器电流，至少应该用（　　　）个独立的电气装置来实现。

A. 1　　　　B. 2　　　　C. 3　　　　D. 4

9. 制动器两侧闸瓦在松闸时应同时离开制动轮，其四角间隙平均值两侧各不大于（　　　）且无拖动、制动现象。

A. 0.3 mm　　　　B. 0.5 mm　　　　C. 0.7 mm　　　　D. 0.8 mm

10. 制动器手动松闸扳手漆成（　　　），并挂在容易接近的墙上。

A. 绿色　　　　B. 黑色　　　　C. 黄色　　　　D. 红色

11. 电梯用钢丝绳常见的损坏形式有（　　　）。

A. 断股　　　　B. 断丝　　　　C. 磨损　　　　D. 腐蚀　　　E. 挤压

12. 电梯钢丝绳的公称直径最小应不小于（　　　）mm。

A. 5　　　　B. 8　　　　C. 10　　　　D. 12

13. 电梯用钢丝绳绳芯的作用不包括（　　　）。

A. 提高钢丝绳的刚度　　　　　　　　B. 增加挠性与弹性

C. 便于润滑　　　　　　　　　　　　D. 增加强度

14. 钢丝绳绳芯不是由（　　　）制成的。

A. 聚乙烯　　　　B. 剑棉、棉纱　　　　C. 石棉纤维　　　　D. 软钢钢丝

15. 电梯导向轮的作用有（　　　）。

A. 改变对重、轿厢相对位置　　　　　B. 改变包角

C. 增加曳引力　　　　　　　　　　　D. 减少故障

16. （　　　）是曳引式电梯用于挂绕曳引绳的有槽的轮子，轿厢和对重的运动就是通过它产生摩擦力进行驱动的。

A. 张紧轮　　　　　　　　　　　　　B. 导向轮

C. 轿厢、对重反绳轮　　　　　　　　D. 曳引轮

17. 下列对于电梯导向轮和曳引轮的说法正确的是（　　　）。

A. 一般导向轮和曳引轮可以互换

B. 曳引轮可作为导向轮使用

C. 曳引轮与曳引钢丝绳间摩擦力应保证合适的曳引力

D. 一般来说曳引轮与曳引钢丝绳间摩擦力越大越好

18. 曳引轮、导向轮两侧端面相对铅垂线的偏差（　　　）。

A. 在空载工况下不大于2‰　　　　　B. 在满载工况下不大于4‰

C. 在空载和满载工况下均不大于2‰　　D. 在空载和满载工况下均不大于4‰

项目 3

电梯导向系统结构

知识准备

一、导向系统功能

在电梯运行过程中，导向系统限制轿厢和对重的活动自由度，使轿厢和对重只沿着各自的导轨做升降运动，不会发生横向的摆动和振动，保证轿厢和对重运行平稳不偏摆。电梯的导向系统包括轿厢导向和对重导向两个部分，分别如图 3-1 和图 3-2 所示。

不论是轿厢导向还是对重导向，均由导轨、导靴和导轨支架组成。

轿厢以至少两根导轨和对重导轨限定轿厢与对重在井道中的相互位置；导轨支架作为导轨的支撑件，被固定在井道壁上；导靴安装在轿厢和对重架的两侧（轿厢和对重各自装有至少 4 个导靴）；导靴

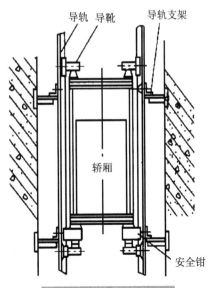

图 3-1 轿厢导向系统

的靴衬（或滚轮）与导轨工作面配合，使一部电梯在曳引绳的牵引下，一边为轿厢，另一边为对重，分别沿着各自的导轨上下运行。导轨、导靴、导轨支架的实物如图3-3所示。

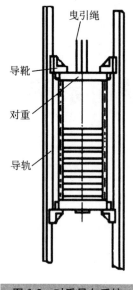

图3-2　对重导向系统

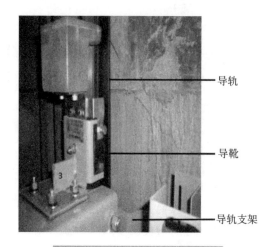

图3-3　导向系统组成实物图

二、导靴

电梯导靴分轿厢导靴和对重导靴。轿厢导靴安装在轿厢上梁和轿底的安全钳下面，对重导靴安装在对重架的上部和底部。一般每组4个，作用是保证轿厢和对重沿导轨上下运行。如图3-4所示为对重架上部安装的导靴。

图3-4　对重架上部安装的导靴

常用的导靴有固定滑动导靴、弹性滑动导靴和滚动导靴三种。

1. 固定滑动导靴

固定滑动导靴主要由靴衬和靴座组成，如图3-5所示。靴座为铸件或钢板焊接件，靴衬由摩擦系数低、滑动性能好、耐磨的尼龙制成。为增加润滑性能，有时在靴、衬的材料中加入适量二硫化钼。固定滑动导靴的靴头是固定的，在安装时要与导轨留一定的滑动间隙，因此在电梯运行中，尤其是靴衬磨损较大时会产生一定的晃动。固定滑动导靴只用于速度低于 0.63 m/s 的货梯。

2. 弹性滑动导靴

弹性滑动导靴由靴座、靴头、靴衬、靴轴、压缩弹簧或橡胶、调节套筒或调节螺母组成，如图3-6所示。这种导靴多用于速度在 2 m/s 以下的电梯。

靴衬选用尼龙槽形滑块，将其放入靴头铸件架内构成一个整体。通过压缩弹簧的弹性力，滑块以适当的压力全部接触导轨，以保证轿厢平稳运行。

与固定滑动导靴相比，其不同之处在于靴头是浮动的，在弹簧的作用下，靴衬的底部始终压贴在导轨端面上，因此运行时有一定的吸振性。弹性滑动导靴的压缩弹簧初始压力调整要适度，过大会增加轿厢运行的摩擦力，过小会失去弹簧的吸振作用，使轿厢运行不平稳。

3. 滚动导靴

滚动导靴一般用在运行速度大于 2.5 m/s 的高速电梯上。三个由弹簧支承的滚轮代替滑动导靴的靴头和靴衬，工作时滚轮由弹簧的压力压在导轨的三个工作面上，如图3-7所示。轿厢运行时，三个滚轮在导轨上滚动，不但有良好的缓冲吸振作用，也大大减小了运行阻力，使舒适感有较大的改善。

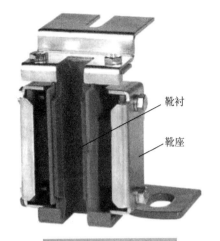

图3-5 固定滑动导靴

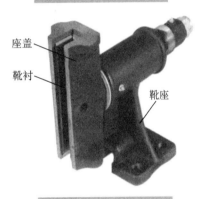

图3-6 弹性滑动导靴

图3-7 滚动导靴

三、导轨及导轨支架

导轨是轿厢和对重在竖直方向运动时的导向，限制轿厢和对重的活动自由度。轿厢运动导向和对重运动导向使用各自的导轨，通常轿厢用导轨要稍大于对重用导轨。当安全钳动作时，导轨作为固定在井道内被夹持的支承件，承受着轿厢或对重产生的强烈制动力，使轿厢或对重制停可靠。导轨能防止由于轿厢的偏载而产生歪斜，保证轿厢运行平稳并减少振动。

1. 导轨的种类与标识

一般钢质导轨常采用机械加工或冷轧加工方式制作。常用导轨有 T 形导轨和空心导轨，如图 3-8 所示。

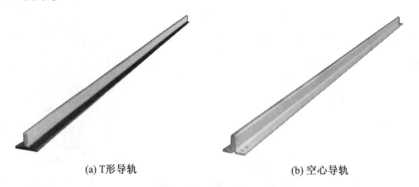

(a) T形导轨　　　　　　　　　　(b) 空心导轨

图 3-8　T 形导轨与空心导轨

T 形导轨是常见的电梯专用导轨，具有良好的抗弯性能及加工性能。T 形导轨的主要参数是底宽 b、高度 h 和工作面厚度 k（图 3-9）。我国原先用 $b×k$ 作为导轨规格标识，现已推广使用国际标准 T 形导轨，共有 13 个规格，以底面宽度和工作面加工方法作为规格标志。

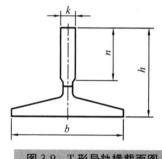

导轨的型号由导轨代号、导轨底面宽度、规格代号及机械加工法代号组成，其中 A 代表冷轧导轨，B 代表机械加工导轨，BE 代表高质量导轨。例如，用机械加工制作的底面宽度为 127 mm 的第一种电梯 T 形导轨，其代号为 T127-/B JG/T 2072.1。

图 3-9　T 形导轨横截面图

同一部电梯，经常使用两种规格的导轨。通常轿厢使用的导轨在规格尺寸上大于对重使用的导轨，故又称轿厢导轨为主轨，对重导轨为副轨。

每根 T 形导轨长 3～5 m，导轨与导轨之间，其端面都要加工成凹凸插榫互相连接，并在底部用连接板固定，如图 3-10 所示。

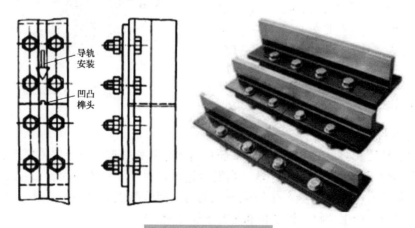

导轨安装

凹凸榫头

图 3-10　导轨连接板

导轨安装得好坏直接影响电梯的运行质量。GB/T 10060—2011《电梯安装验收规范》对导轨的安装质量提出了若干规定。

① 当电梯冲顶时，导靴不应越出导轨。

② 每列导轨工作面（包括侧面和顶面）相对安装基准线，每 5 m 的偏差均应不大于下列数值：轿厢导轨和设有安全钳的对重导轨为 0.6 mm；不设安全钳的 T 形对重导轨为 1.0 mm。

在有安装基准线时，每列导轨应相对基准线整列检测，取最大偏差值。电梯安装完成后检验导轨时，可对每 5 m 铅垂线分段连续检测（至少测 3 次），取测量值间的相对最大偏差，其值不应大于上述规定值的 2 倍。

③ 轿厢导轨和设有安全钳的对重导轨工作面接头处不应有连续缝隙，且局部缝隙不大于 0.5 mm。导轨接头处台阶用直线度为 0.01/300 的平直尺或其他工具测量，应不大于 0.05 mm，如超过应修平，修光长度为 150 mm 以上。不设安全钳的对重导轨接头处缝隙不得大于 1 mm。导轨工作面接头处台阶应不大于 0.15 mm，如超差也应校正。

④ 导轨应用压板固定在导轨梁上，不应采用焊接或螺栓直接连接。

⑤ 轿厢导轨与设有安全钳的对重导轨的下端应支承在坚固的导轨座上。

2. 导轨支架

导轨支架的作用是支承导轨，安装距离不超过 2.5 m，其结构如图 3-11 所示。

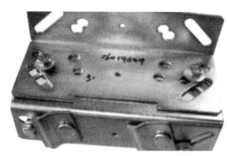

图 3-11　导轨支架

导轨支架分轿厢导轨支架和对重导轨支架两种（图 3-12）。轿厢导轨支架是专门用来支承轿厢导轨的，对重导轨支架在对重侧安置时又作为轿厢导轨支架使用。

(a) 轿厢导轨支架　　　　　(b) 对重导轨支架

图 3-12　导轨支架

GB/T 1006—2011《电梯安装验收规范》规定：每根导轨至少应有 2 个导轨支架，其间距不大于 2.5 m，特殊情况下，应有措施保证导轨安装满足 GB 7588—2003 规定的弯曲强度要求，导轨支架水平度不大于 1.5%，导轨支架的地脚螺栓或支架直接埋入墙的深度不应小于 120 mm。如果用焊接支架，其焊缝应是连续的，并应双面焊牢。

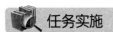 任务实施

一、课堂准备

课堂准备及布置如下。

场地准备	课堂布置
6 人用实训场地五块，对应数量的课桌椅，黑板一块，多媒体教学设备一套	小组成员坐在同一区域内，以便讨论

二、设备准备

对应小组数量的教学电梯导向系统部件，供学生上课时认识。

三、任务布置

按要求进行分组，完成以下任务。

仔细观察导向系统各部件，并填写表 3-1。

表 3-1　导向系统部件

图　片	名　称	所属系统	作　用

续表

图　片	名　称	所属系统	作　用

考核评价

形式：现场测试
时间：10 分钟
内容要求： 　　请老师随机指出 3 个导向系统部件，学生回答部件名称、特点、作用及安装位置。
记录：

作业巩固

1. 常用导靴可分为_____、_____和_____三类。

2. （　　）系统由导轨、导靴和导轨支架组成。

A. 导向　　　　　　B. 曳引　　　　　　C. 重量平衡　　　　D. 轿厢

3. 轿厢导轨的作用有（　　）。

A. 支承轿厢的重量　　　　　　　　B. 支承乘客的重量

C. 防止轿厢偏摆　　　　　　　　　D. 支承安全钳动作所受的力

4. 每根导轨内，至少应有（　　）个导轨支架。

A. 1　　　　　　　　B. 2　　　　　　　　C. 3　　　　　　　　D. 4

5. 滚动导靴的工作特点是（　　）。

A. 需要在导轨工作面加油　　　　　B. 摩擦损耗减小

C. 与导轨摩擦较大　　　　　　　　D. 舒适感差

6. 滚动导靴通常用于（　　）。

A. 低速电梯　　　　B. 中速电梯　　　　C. 高速电梯　　　　D. 所有电梯

7. 滚动导靴在导轨面上加润滑油会导致（　　）。

A. 滚轮更好转动　　　　　　　　　B. 滚轮打滑

C. 噪声减少　　　　　　　　　　　D. 易于运行

8. 轿厢导靴一般有（　　）个。

A. 2　　　　　　　　B. 4　　　　　　　　C. 6　　　　　　　　D. 8

9. 对重导靴一般有（　　）个。

A. 2　　　　　　　　B. 4　　　　　　　　C. 6　　　　　　　　D. 8

10. 热轧型钢导轨只能用在（　　）。

A. 货梯　　　　　　　　　　　　　B. 对重

C. 速度不大于 0.4 m/s 的杂物电梯　D. 液压电梯

11. 每根导轨应有 2 个支架，支架之间的距离应不大于（　　）m。

A. 2　　　　　　　　B. 2.5　　　　　　　C. 3　　　　　　　　D. 3.5

12. 对重导轨顶面间距离偏差为（　　）mm。

A. 0~+3　　　　　　B. −1~+1　　　　　C. −2~0　　　　　　D. 0~+2

13. 轿厢导轨顶面间距离偏差为（　　）mm。

A. 0~+3　　　　　　B. −1~+1　　　　　C. −2~0　　　　　　D. 0~+2

14. 每列导轨工作面每 5 m 铅垂线测量值间的相对最大偏差均不大于下列数值：轿厢导轨和设有安全钳的 T 形对重导轨为（　　）mm；不设安全钳的 T 形对重导轨为（　　）mm。

A. 1　　　　　　　　B. 1.2　　　　　　　C. 1.5　　　　　　　D. 2

15. 轿厢导轨接头处台阶应不大于（　　）mm。

A. 0.01　　　　　　B. 0.02　　　　　　C. 0.05　　　　　　D. 0.5

项目 4

电梯轿厢系统结构

目标任务

知识目标：

1. 掌握轿厢系统的组成。

2. 掌握轿厢架各部件的功能作用。

3. 掌握轿顶、轿内、轿底组成部件的结构。

能力目标：

1. 能够正确讲解轿厢系统组成部件的功能。

2. 能够正确辨识轿厢架各组成部件。

3. 能够正确辨识轿厢体部件并讲解其功能作用。

 知识准备

一、轿厢系统整体结构

1. 轿厢的结构组成

轿厢是用来运送乘客或货物的电梯组件。轿厢由轿厢架和轿厢体两大部分组成，其基本结构如图 4-1 所示。

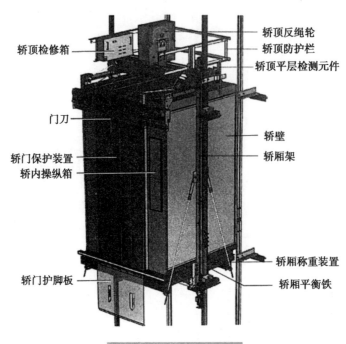

轿顶检修箱 —— 轿顶反绳轮
—— 轿顶防护栏
—— 轿顶平层检测元件

门刀 ——

轿门保护装置 —— —— 轿壁
轿内操纵箱 —— —— 轿厢架

—— 轿厢称重装置
轿门护脚板 —— —— 轿厢平衡铁

图 4-1 轿厢系统结构

2. 轿厢的特点与尺寸要求

（1）客梯轿厢

1）轿厢的特点

客梯轿厢给乘客提供一个空间，输送乘客到目的楼层，所以舒适性、方便程度就成为客梯的主要考虑因素。

客梯内部装饰一般都讲究色彩的搭配和装潢，往往在轿厢壁上进行一些装修，如在轿厢壁上贴装蚀刻、抛磨或电镀出美观图案的金属薄板，张贴各类广告等，也有的直接对轿厢壁板作装饰。现在还有一些高档电梯在其中装设电视，既能够给乘客提供丰富的节目，同时又避免陌生人近距离相处时产生尴尬感觉。

客梯轿厢内的采光一般都使用柔和的光线，往往将灯装设在吊顶上侧，光线通过反射后再进入乘客区，避免刺眼。为了有效改善轿厢内的空气质量，还会装设换气风扇，随时向轿厢内提供新鲜空气。某些在热带地区使用的高档电梯，还会加装电梯专用空调器，保持轿厢内凉爽舒适。

客梯轿厢内部如图 4-2 所示。

2）轿厢载重量（人数）与面积

为避免轿厢内乘员过多而引起超载，必须对轿厢的有效面积做出限制。轿厢的有效面积指轿厢壁板内侧实际面积，GB 7588—2003《电梯制造与安装安全规范》对轿厢的有效面积与额定载重量、乘客人数都做了具体规定。乘客人数与轿厢最小面积的关系如表 4-1 所示。

图4-2 客梯轿厢内部

表4-1 乘客人数与轿厢最小面积的关系

乘客人数／人	1	2	3	4	5	6	7	8	9	10	11	12	13	14	15	16	17	18	19	20
轿厢最小有效面积／m²	0.28	0.49	0.60	0.79	0.98	1.17	1.31	1.45	1.59	1.73	1.87	2.01	2.15	2.29	2.43	2.57	2.71	2.85	2.99	3.13

注：超过20位乘客时，每超出一位增加0.115 m²。

额定载重量与轿厢最大有效面积的关系见表4-2。

表4-2 额定载重量与轿厢最大有效面积的关系

额定载重量／kg	轿厢最大有效面积／m²	额定载重量／kg	轿厢最大有效面积／m²
100	0.37	750	1.90
180	0.58	800	2.00
225	0.70	825	2.05
300	0.90	900	2.20
375	1.10	975	2.35
400	1.17	1 000	2.40
450	1.30	1 050	2.50
525	1.45	1 125	2.65
600	1.60	1 200	2.80
630	1.66	1 250	2.90
675	1.75	1 275	2.95

续表

额定载重量/kg	轿厢最大有效面积/m²	额定载重量/kg	轿厢最大有效面积/m²
1 350	3.10	1 600	3.56
1 425	3.25	2 000	4.20
1 500	3.40	2 500	5.00

注：额定载重量超过 2 500 kg 时，每增加 100 kg，面积增加 0.16 m²。对中间的载重量，其面积由线性插入法确定。

乘客数量由下述方法确定：

按公式"额定载重量/75"计算，结果向下取整到最近的整数或按表 4-1 取其较小的数值。

3）轿厢的空间尺寸

我国对于额定速度在 2.5 m/s 以下的乘客电梯轿厢的空间尺寸的规定参考 GB 7588—2003。

（2）货梯轿厢

1）轿厢的特点

货梯轿厢由于其运送货物的特点，均采用普通碳钢材料制作，无装饰要求，轿底采用较厚的花纹钢板制作，便于承重并防止货物滑移。货梯在运载比较重的物品或用拖车、小车运送货物时，会使载荷集中在轿厢底某一较小的面积上，使轿厢承受集中载荷。当拖车等进出轿厢时，轿厢会受到很大的偏重力作用，使导靴、导轨、轿厢支架等受到较大的载荷。而且拖车等进入轿厢后，往往不停在轿厢的中间，从而产生很大的偏重载荷。因此，对货梯轿厢的结构设计提出了不同的要求。同时在使用电梯时，应尽量使货物置于轿厢中部并避免集中载荷。货梯有时还会采用直通式轿厢，会开设两个直接相对的轿门，以便于货物装卸或配合工厂建筑结构。但须特别说明的是，严禁将两扇相对方向打开门的轿厢作为通道使用。货梯轿厢内部如图 4-3 所示。

图 4-3 货梯轿厢

2）轿厢的空间尺寸

对额定速度在 2.5 m/s 以下的载货电梯，轿厢的有效尺寸参考 GB 7588—2003。该标准也对井道顶层高度和底坑深度做出了严格规定。

我国未对货梯轿厢的有效面积与电梯最小额定载重量的关系做规定。美国和日本关于载重量和轿厢有效面积之间的关系分别有如下规定：

美国规定：$Q = 244A$；

日本规定：$Q = 250A$。

式中：Q——电梯的最小额定载重量（kg）；

　　　A——轿厢有效面积（m^2）。

（3）病床电梯轿厢

由于病床电梯以病床或担架（含病人）为装运对象，同时还会有随行的医疗器械及医护人员，所以轿厢一般长而窄，其有效面积在额定载重量相同的情况下要大于客梯。我国对病床电梯轿厢的空间有效尺寸的规定见国家标准。

病床电梯的轿厢内部一般比较简单，为适应病人仰卧的特点，轿厢的照明设置以间接照明式为宜，多为有司机操作方式。由于医用电梯长期在多病菌环境中工作，须定期做清洁消毒处理，所以轿厢内壁较为光洁平整，多采用不锈钢壁板，易于清洁消毒。病床电梯对运行的平稳性要求较高。病床电梯轿厢内部一般结构如图 4-4 所示。

图 4-4　病床电梯轿厢

（4）杂物电梯轿厢

杂物电梯以运送书籍、食品等小件物品为目的，其载重量较小。为了限制人员进入轿厢，我国杂物电梯轿厢尺寸不得超过以下尺寸：

① 底板面积：$1.0\ m^2$；

② 深度：1.0 m；

③ 高度：1.2 m。

但是，如果轿厢由几个永久的间隔组成，而每一个间隔都能满足上述要求，高度超过 1.2 m 也是允许的。

杂物电梯轿厢结构如图 4-5 所示。

图 4-5　杂物电梯轿厢

（5）观光电梯轿厢

观光电梯一般装设在高档豪华宾馆、展览大厅内外，在轿厢中可以饱览外部风光。此类电梯轿厢通透明亮，外形常做成棱形或圆形等，观光面的轿壁使用符合 GB 7588—2003 中 8.8.2.2 规定的强化夹层玻璃。当玻璃下端距地面小于 1.10 m 时，必须在高度 0.90~1.10 m 处设置扶手栏，该扶手栏的固定与玻璃无关。玻璃轿壁的固定在玻璃下沉时，应保证其不会滑出，玻璃不会因冲击而产生龟裂等现象。为了保证玻璃轿壁的强度，每块玻璃的面积受到限制。观光电梯轿厢的内外装饰都十分讲究，除内部设计豪华外，其外露部分常加装各种彩色装饰和彩色灯具。观光电梯轿厢结构如图 4-6 所示。

图4-6　观光电梯轿厢

图4-7　汽车梯轿厢

（6）汽车梯轿厢

汽车梯为垂直提升汽车所用，所以其轿厢面积必须较大，通常在轿底板设有双拉杆结构，有时还会设置楔形垫块，置于车轮下防止车辆溜滑。有的汽车梯轿厢还不设全封闭轿顶和轿壁。汽车梯轿厢的具体结构如图4-7所示。

汽车梯轿厢的额定载重量与轿厢底板面积之间的关系在我国尚无严格规定，可参照国外的一般要求：

美国规定：$Q = 146.5A$；

日本规定：$Q = 150A$。

式中：Q——电梯的最小额定载重量（kg）；

A——轿厢有效面积（m²）。

二、轿厢架部件

1. 轿厢架结构

轿厢架（图4-8）是固定和悬吊轿厢的框架，也是承受电梯轿厢重量的构件。下梁直接承受轿厢的重量，下梁结构有梁式结构和框式结构。

轿厢的负载由轿厢架传递到曳引钢丝绳，当安全钳动作或蹲底撞击缓冲器时，还要承受由此产生的反作用力，因此轿厢架需要有足够的强度。轿厢架是一个框形金属架，由上梁、下梁、立柱和拉条（拉杆）组成。拉杆是为了增强轿厢架的刚度，防止由于轿厢内载荷偏心造成轿厢倾斜。框架的材质选用槽钢或按要求压成的钢板，上、下立梁之间一般采用螺栓连接。在上、下立梁的四角有供安装轿厢导靴和安全钳的平板，在上梁中部下方有供安装轿顶轮或绳头组合装置的安装板，在立梁（也称为侧立柱）上留有安装轿厢开关板的支架。

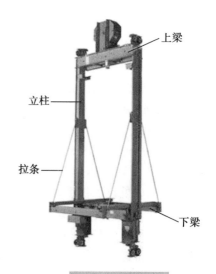

图4-8　轿厢架

上梁

立柱

拉条

下梁

2. 轿厢架分类

轿厢架一般有两种基本构造：对边形轿厢架和对角形轿厢架。

（1）对边形轿厢架

对边形轿厢架适用于具有一面或对面设置轿门的电梯。这种形式的轿厢架受力情况较好，当轿厢作用有偏心载荷时，只在轿架支撑范围内产生拉力，或在立柱上产生推力，这是大多数电梯所采用的构造方式，如图4-9所示。

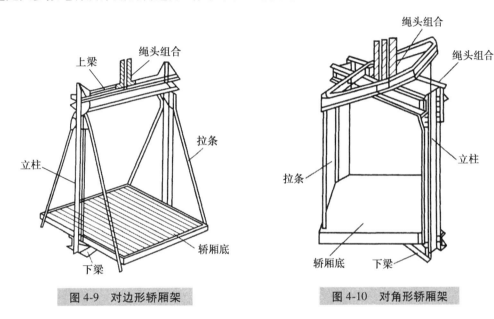

图4-9 对边形轿厢架

图4-10 对角形轿厢架

（2）对角形轿厢架

对角形轿厢架常用在相邻两边设置轿门的电梯上。这种轿厢架在受到偏心载荷时，不但各构件会偏心弯曲，而且其顶架还会受到扭转的影响，受力情况较差，特别是对于重型电梯，应尽量避免采用。对角形轿厢架如图4-10所示。

三、轿厢体部件

轿厢体（图4-11）是形成轿厢空间的封闭围壁，除必要的出入口和通风孔外不得有其他开口。轿厢体由不易燃和不产生有害气体与烟雾的材料制成。轿厢体主要由轿顶、轿底板及轿壁组成。

1. 轿顶

轿顶（图4-12）由薄钢板制成，前端要安设开门机构和轿门，要求有一定的强度，一般用拉条拉在立柱上端或上梁上。在轿顶的任何位置，应能支撑两个人的体重，每个人按在 0.20 m×0.20 m 的面积上作用 1 000 N 的力，应无永久变形。轿顶应有一块不小于 0.12 m² 的站人用的净面积，其短边不应小于 0.25 m。有的轿顶上设有为援救和撤离乘客用的轿厢安全窗，其尺寸不应小于 0.35 m×

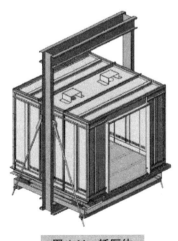

图4-11 轿厢体

0.50 m，且应有手动上锁装置。轿厢安全窗应能不用钥匙从轿厢外开启，并能用三角钥匙从轿厢内开启。轿厢安全窗不应向轿厢内开启，且开启位置不应超出电梯轿厢的边缘。轿厢安全窗的锁紧应通过一个符合规定的电气安全装置来验证。随着救援方式的变化，现在除非有的层站没有设层门，一般都不再设安全窗。

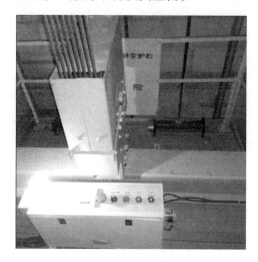

图 4-12　轿顶

轿顶还应设置排气风扇、检修开关、急停开关和电源插座，以供检修人员在轿顶上工作时使用。离轿顶外侧边缘有水平方向超过0.3 mm的自由距离时，轿顶应装设护栏，且紧固安全防护栏的螺栓以保护检修人员的安全。

2. 轿壁

轿壁（图4-13）由薄钢板制成，表面用喷涂或贴膜装饰，也有用不锈钢或在钢板外包不锈钢薄板制成。为了增加轿壁的刚度，背面焊加强筋。在靠井道侧的轿壁上，为了减小振动和噪声，要粘吸振动隔音材料。为了增大轿壁阻尼，减小振动，通常在壁板后面粘贴夹层材料或涂上减振毡子。

轿壁应具有的机械强度为：用 300 N 的力，均匀地分布在面积为 5 cm^2 的圆形或方形区域上，沿轿厢内向轿厢外方向垂直作用于轿壁的任何位置上，轿壁应无永久变形，且弹性变形不大于 15 mm。在一些观光电梯中，轿壁采用玻璃轿壁，玻璃轿壁应使用夹层玻璃，应按标准选用或能承受标准所要求的冲击摆试验。距轿厢地板 1.1 m 高度以下若使用玻璃轿壁，则应在高度 0.9~1.1 m 设置一个扶手，这个扶手应固定牢固，且与玻璃无关。

图 4-13　轿壁

3. 轿底板

轿底板（图4-14）由底板和框架组成。在轿底的前沿应设有轿门地坎及护脚板（挡板），以防人在层站将脚插入轿厢底部造成挤压。

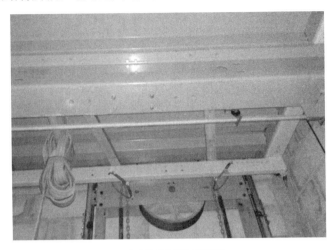

图4-14 轿底板

4. 轿厢的超载装置

超载装置是当轿厢超过额定载荷时，能发出警告信号并使轿厢关门才能运行的安全装置。超载装置一般设在轿底，也有少数设在轿顶的上梁。对于曳引比非 1∶1 的电梯，超载装置也可以设置在机房固定绳头端。超载装置一般分为橡胶块式、机械式及负重传感器式。

一般轿底超载装置的轿厢底是活动的，称为活动轿厢式。这种形式的超载装置，若采用橡胶块作为称量元件，则橡胶块的压缩量能直接反映轿厢的重量；若采用机械式，则通过轿厢位移反映轿厢的重量，如图4-15所示。

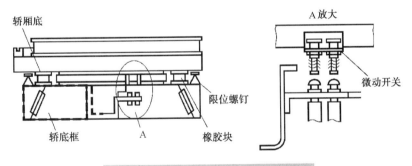

图4-15 橡胶块式活动轿厢超载装置

在轿底框中间装有微动开关，这是最基本的一个开关，也称为超载开关。超载开关在超载（超过额定载荷10%）时动作，使电梯门不能关闭，电梯不能起动，同时发出声响和灯光信号。目前也根据需要设置多个微动开关，以发出轻载、半载、满载、超载等多个检出信号供拖动控制和其他需要。碰触开关的螺钉直接装在轿厢底上，只要调节螺钉的高度，就可对超载量的控制范围进行调节。橡胶块结构的超载装置有结构简单、动作灵敏等优点。橡胶块既是称量元件，又是减振元件，大大简化了轿底结构，调节和维护都比较容易。

轿顶超载装置（图4-16）是将称量装置设置在轿顶的超载装置。橡胶块式轿顶超载装置是在轿厢超载时，通过橡胶块的变形来触发微动开关，从而发出超载信号；机械式轿顶超载装置是在轿厢超载时，活动轿厢向下产生位移，通过机械传动机构来触发微动开关，从而发出超载信号。

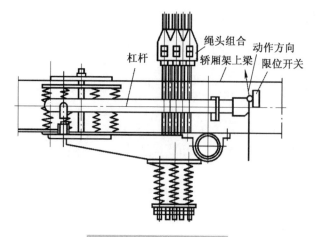

图4-16　轿顶超载装置

安装在机房中的超载装置，通过轿厢承受绳头端的位移来触发微动开关，从而达到防止超载的目的，它具有调节、维护方便的优点。

使用微动开关的超载装置只能设定一个或几个称量极限值，不能给出载荷变化的连续信号。为了适应其他的控制要求，特别是计算机应用于群控后，为了使电梯运行达到最佳的调度状态，须对每台电梯的客流量或承载情况做统计分析，然后选择合适的群控调度方式。因此，可采用负重式传感器作为称量元件，它可以输出载荷变化的连续信号。

5. 轿厢内装置

轿厢是装载货物和运送乘客的空间，一般设置了轿厢照明、风扇、选层、关门控制面板、紧急情况时与外界联络装置及应急照明，大部分电梯还有轿厢内操纵箱（图4-17）。

轿厢内的操纵箱应用钥匙锁住，只能由专职人员使用。操纵箱内可以包括多种操作方式，包括独立行驶方式、司机行驶方式、检修行驶方式以及门机、风扇、轿厢照明开关等。

图4-17　轿厢内装置

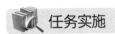

一、课堂准备

课堂准备及布置如下。

场地准备	课堂布置
6 人用实训场地五块，对应数量的课桌椅，黑板一块，多媒体教学设备一套	小组成员坐在同一区域内，以便讨论

二、设备准备

对应小组数量的教学电梯轿厢系统部件，供学生上课时认识。

三、任务布置

按要求进行分组，完成以下任务。

1. 观察如图所示轿厢的形状与结构，并填写表 4-3。

表 4-3　轿厢结构组成

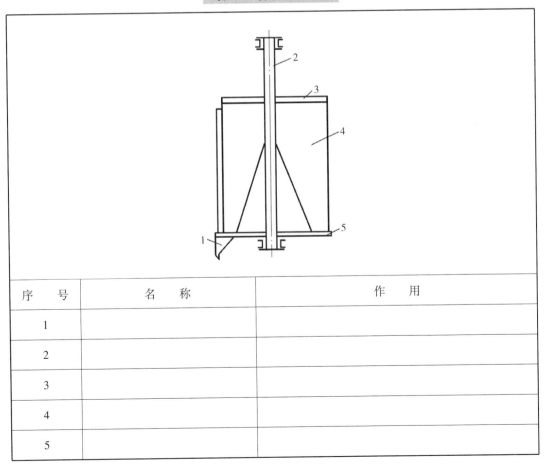

序　号	名　称	作　用
1		
2		
3		
4		
5		

2. 仔细观察实物及图示轿厢的图片，并填写表4-4。

表 4-4 轿厢分类

图　　片	轿厢类型	空间要求
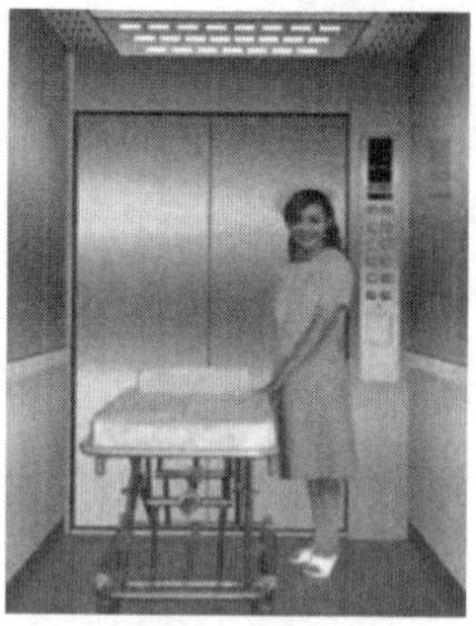		

3. 仔细观察如图所示轿厢架的形状与结构，并填写表4-5。

表 4-5 轿厢架

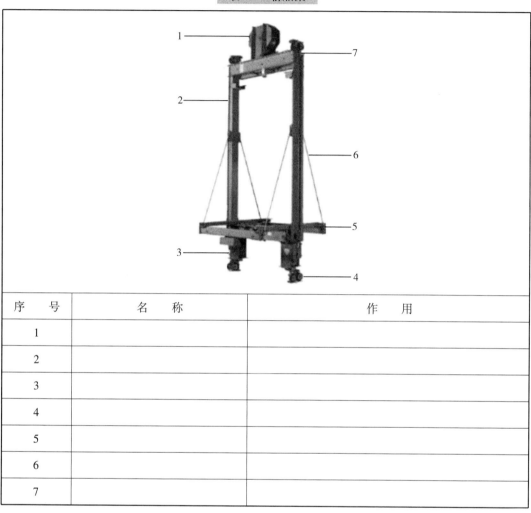

序　　号	名　　称	作　　用
1		
2		
3		
4		
5		
6		
7		

考核评价

形式：现场测试
时间：10 分钟
内容要求： 　　请老师随机指出 3 个电梯轿厢部件名称，学生找到实物，回答部件作用。
记录：

作业巩固

1. 轿厢架一般有两种基本构造：_____轿厢架和_____轿厢架。

2. 轿厢架由_____、_____、_____和_____构成。

3. 轿厢地坎与层门地坎间隙应不大于_____，与井道前壁间隙不得大于_____。

4. 在规范中规定乘客电梯运行时轿厢噪声不大于（　　）dB。

A. 65 　　　　 B. 55 　　　　 C. 80 　　　　 D. 70

5. 轿厢最大乘客数=额定载重量除以（　　），再向上取整到整数。

A. 55 　　　　 B. 65 　　　　 C. 75 　　　　 D. 85

6. 额定载重量为2 000 kg的电梯轿厢面积不应大于（　　）m²。

A. 4. 2 　　　　 B. 2. 4 　　　　 C. 5. 0 　　　　 D. 2. 0

7. 载重量为1 000 kg的客梯，轿厢最大有效面积为（　　）m²。

A. 2. 0 　　　　 B. 2. 2 　　　　 C. 2. 4 　　　　 D. 3. 0

8. 轿厢内部净高度不得小于（　　）m。

A. 1. 5 　　　　 B. 2. 0 　　　　 C. 2. 1 　　　　 D. 2. 2

9. 轿顶护栏应装设在距轿顶边缘最大为（　　）m之内。

A. 0. 15 　　　 B. 0. 20 　　　 C. 0. 30 　　　 D. 0. 10

10. 轿厢与对重间的最小距离为（　　）mm。

A. 300 　　　　 B. 100 　　　　 C. 80 　　　　 D. 50

11. 轿厢与对重及其连接部件之间的最小距离不小于（　　）mm。

A. 35 　　　　 B. 40 　　　　 C. 45 　　　　 D. 50

12. 轿顶可以不设置的是（　　）。

A. 至少能支撑两个人 　　　　　　 B. 安全窗

C. 停止开关 　　　　　　　　　　 D. 检修开关

项目 5

电梯重量平衡系统结构

▶目标任务◀

知识目标：

1. 掌握电梯重量平衡系统的部件组成。
2. 掌握平衡系数的计算方法。

能力目标：

1. 能够正确辨识重量平衡系统各部件并讲解其功能作用。
2. 能够正确辨识对重部件并讲解其功能作用。

知识准备

一、电梯重量平衡系统整体结构

重量平衡系统的作用是使对重与轿厢能达到相对平衡，在电梯运行过程中即使载重量不断变化，仍能使两者间的重量差保持在较小限额之内，保证电梯的曳引传动平稳、正常。重量平衡系统一般由对重装置和重量补偿装置两部分组成，如图5-1所示。

对重（图5-2）又称平衡重，相对于轿厢悬挂在曳引绳的另一侧，起到相对平衡轿厢的作用，并使轿厢与对重的重量通过曳引钢丝绳作用于曳引轮，保证足够的驱动力。由于轿厢的载重量是变化的，所以不可能做到两侧的重量始终相等并处于完全平衡状态。一般情况下，只有轿厢的载重量达到50%的额定载重量时，对重一侧和轿厢一侧才处于完全平衡，这时的载重量称为电梯的平衡点。此时由于曳引绳两端的静载荷重量相等，电梯处于最佳的工作状态。但是在电梯运行过程中的大多数情况下，曳引绳两端的荷重是不相等且是变化的，因此对重的作用只能使两侧的荷重之差处于一个较小的变化范围内。

另外，在电梯运行过程中，当轿厢位于最底层、对重升至最高层时，曳引绳长度基本都转移到轿厢一侧，曳引绳的自重大部分也集中在轿厢一侧；相反，当轿厢位于顶层时，曳引绳长度及自重大部分转移到对重一侧；电梯随行控制电缆一端固定在井道的中部，

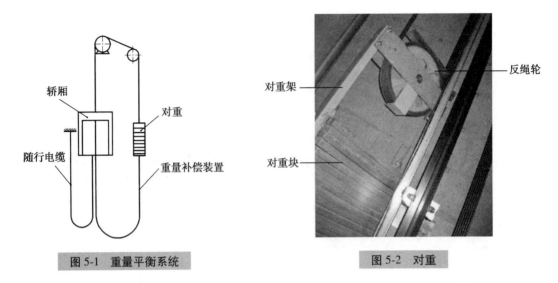

图 5-1　重量平衡系统

图 5-2　对重

另一端悬挂在轿厢底部，其长度和自重也随电梯运行而发生转移。上述因素都给轿厢和对重的平衡带来影响，尤其是当电梯的提升高度超过 30 m 时，两侧的平衡变化就变得不容忽视了，因而必须增设重量补偿装置来控制其变化。

　　重量补偿装置（图 5-3）是悬挂在轿厢和对重底面的补偿链条、补偿绳等。在电梯运行时，其长度的变化正好与曳引绳长度变化趋势相反。当轿厢位于最高层时，曳引绳大部分位于对重侧，而补偿链（绳）大部分位于轿厢侧；当轿厢位于最底层时，正好与上述情况相反，这样轿厢一侧和对重一侧就有了补偿的平衡作用。例如，60 m 高的建筑物内使用的电梯，使用 6 根 φ13 mm 的钢丝绳，其中不可忽视的是绳的总重约 360 kg，随着轿厢和对重位置的变化，这个重量将不断地在曳引轮的两侧变化，对电梯安全运行的影响相当大。

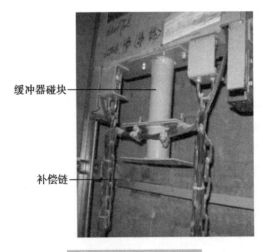

图 5-3　重量补偿装置

二、对重部件

　　对重装置（图 5-4）位于井道内，通过曳引钢丝绳与轿厢连接。在电梯装置运行过程中，对重装置通过对重导靴在对重导轨上滑行。

1. 对重装置的作用

对重装置的作用主要有以下几个方面：

① 可以相对平衡轿厢重量和部分电梯载荷，减少曳引机功率的损耗；当轿厢负载与对重较匹配时，还可以减小钢丝绳与绳轮之间的曳引力，延长钢丝绳的寿命。

② 对重的存在保证了曳引绳与曳引轮槽的压力，保证曳引力的产生。

图5-4 对重装置

③ 由于曳引式电梯有对重装置，如果轿厢或对重撞在缓冲器上，曳引绳对曳引轮的压力消失，电梯失去曳引条件，从而可以避免冲顶事故的发生。

④ 由于曳引式电梯设置了对重，使电梯的提升高度不像强制式驱动电梯那样会受到卷筒尺寸的限制且速度不稳定，因而提升高度也大大提高。

2. 对重装置的种类及其结构

对重装置一般分为无反绳轮式（曳引比为1∶1的电梯）和有反绳轮式（曳引比非1∶1的电梯）两类。不论是有反绳轮式还是无反绳轮式的对重装置，其结构组成基本是相同的。对重装置一般由对重架、对重块、导靴、缓冲器撞板、压块以及与轿厢相连的曳引绳和反绳轮组成，各部件安装位置示意见图5-5。

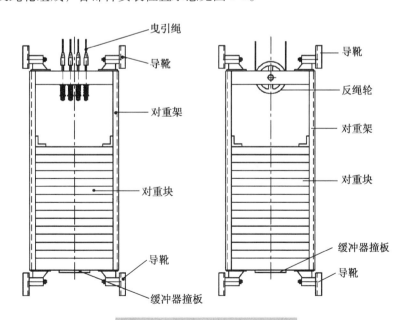

图5-5 对重装置部件安装位置

对重架多是用槽钢等制成，其高度一般不宜超出轿厢高度。对重块由铸铁制造（也有部分电梯采用加重混凝土对重块），安装在对重架上，要用压板压紧，以防运行过程中移位、振动并产生噪声。

常见的对重块（砣块）规格见表 5-1。

表 5-1　常用对重块（砣块）规格

项　　目	规格尺寸				
砣块长度/mm	500	760	760	910	1105
砣块宽度/mm	110	200	250	300	400
砣块厚度/mm	75	75	75	75	40
砣块重量/kg	27	71	87	125	149
对重架槽钢型号	8	14	14	18	22

注：对重砣块还有以重量为规格的，一般有 50 kg、75 kg、100 kg、125 kg 等几种，分别适用于载重量为 1 000 kg、2 000 kg、3 000 kg、5 000 kg 的电梯。

3. 对重重量值的确定

为了使对重装置能对轿厢起到最佳的平衡作用，必须正确计算其重量。对重的重量值与电梯轿厢本身的净重和轿厢的额定载重量有关。一般在电梯满载和空载时，曳引钢丝绳两端的重量差值应为最小，以使曳引机组消耗的功率小，钢丝绳也不易打滑。

对重装置过轻或过重，都会给电梯的调整工作造成困难，影响电梯的整机性能和使用效果，甚至造成冲顶或蹲底事故。

对重的总重量通常用下面的基本公式计算：

$$W = G + KQ \tag{5-1}$$

式中：G——轿厢自重（kg）；

Q——轿厢额定载重量（kg）；

K——电梯平衡系数，为 0.4~0.5，以钢丝绳两端重量之差值最小为好。

平衡系数的选取原则是：尽量使电梯接近最佳工作状态。

当电梯的对重装置和轿厢侧完全平衡时，只需克服各部分摩擦力就能运行，且电梯运行平稳，平层准确度高。因此，对平衡系数 K 的选取，应尽量使电梯能经常接近平衡状态。对于经常处于轻载的电梯，K 可取 0.4~0.45；对于经常处于重载的电梯，K 可取 0.5。这样有利于节省动力，延长机件的使用寿命。

例：有一部客梯的额定载重量为 1 000 kg，轿厢净重为 1 000 kg，若平衡系数取 0.45，求对重装置的总重量。

解：已知 $G = 1\ 000$ kg，$Q = 1\ 000$ kg，$K = 0.45$，代入公式（5-1），得

$W = G + KQ = 1\ 000$ kg $+ 0.45 \times 1\ 000$ kg $= 1\ 450$ kg。

三、平衡补偿装置部件

重量补偿装置（图 5-6）的种类包括补偿链、补偿绳、补偿缆。

图 5-6　重量补偿装置

图 5-7　补偿链

1. 补偿链

这种补偿装置以铁链为主体，为了减少电梯运行过程中铁链链环之间的碰撞噪声，常用麻绳穿在铁链环中，如图 5-7 所示。补偿链在电梯中通常一端悬挂在轿厢下面，另一端挂在对重装置的下部。这种补偿装置的特点是结构简单、成本较低，但不适用于梯速超过 1.75 m/s 的电梯。

2. 补偿绳

补偿绳（图 5-8）以钢丝绳为主体，即将数根钢丝绳经过钢丝绳绳夹和挂绳架，一端悬挂在轿厢下梁上，另一端悬挂在对重架上。这种补偿装置的特点是电梯运行稳定、噪声小，故常用在电梯额定速度超过 1.75 m/s 的电梯上；缺点是装置比较复杂，成本相对较高，并且除了补偿绳外，还需张紧装置等附件。张紧装置必须保证电梯在运行时，张紧轮能沿导向轨上下自由移动，并能张紧补偿绳。电梯正常运行时，张紧轮处于垂直浮动状态，自身可以转动。

图 5-8　补偿绳

图 5-9　补偿缆

3. 补偿缆

补偿缆（图 5-9）是一种新型的高密度的补偿装置。图 5-10 为对重侧补偿缆，图 5-11 为轿厢侧补偿缆。补偿缆中间为低碳钢制成的环链，在链环周围装填金属颗粒以及聚乙烯等高分子材料的混合物，最外侧制成圆形塑料保护链套，要求链套具有防火、防氧化、耐磨性能较好的特点。这种补偿缆质量密度较高，最重的每米可达 6 kg，最大悬挂长度可达 200 m，运行噪声小，可适用于各种中、高速电梯的补偿装置。

图 5-10　对重侧补偿缆

图 5-11　轿厢侧补偿缆

4. 补偿方法

补偿装置的补偿方法一般有对称补偿法、单侧补偿法、双侧补偿法。

（1）对称补偿法

对称补偿法（图 5-12）是使用比较广泛的一种补偿方法。

补偿装置（补偿链）的一端挂在轿厢的底部，另一端挂在对重的底部，这种补偿法的优点是不需要增加对重的重量，补偿装置的重量等于曳引绳的总重量（未考虑随行电缆），也不需要增加井道的空间。

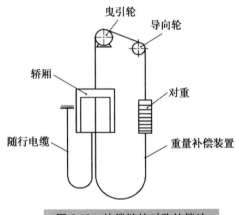

图 5-12　补偿链的对称补偿法

若使用补偿绳，需在底坑中加设张紧轮装置，张紧轮重量应包括在补偿绳内。张紧装置上设有导轨，电梯运行能沿导轨上下自由移动，并且要有足够的重量以张紧补偿绳。

导轨的上部装有行程开关，电梯正常运行时，张紧轮处于垂直浮动状态，只转动而不做上下移动。当电梯发生撞底时，对重在惯性作用下冲向楼板，张紧轮沿导轨被提起，导轨上部的行程开关动作，切断电梯控制电路。

（2）单侧补偿法

补偿装置一端连接在轿厢底部，另一端悬挂在井道壁的中部，如图 5-13 所示。采用这种方法时，对重的重量需加上曳引绳的总重 T_y，即对重的重量 $W = G + KQ + T_y$。

（3）双侧补偿法

轿厢和对重各自设置补偿装置，如图 5-14 所示。

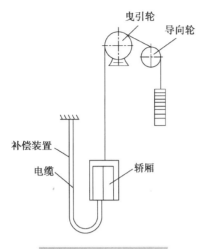

图 5-13　单侧补偿法

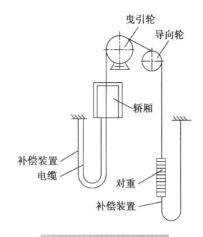

图 5-14　双侧补偿法

5. 导向装置

导向装置是专为限制平衡补偿链运行轨迹而设计的，能够防止平衡补偿链高速运行时产生振荡或摇摆。当补偿链静止不动时，补偿链应与导向装置的导向轮不接触，且平衡补偿链安装时应垂直穿过导向装置中心。导向装置作为附件，安装非常简便，使用导向装置将会延长平衡补偿链的使用寿命，同时使整个补偿装置系统更加安全可靠。简易导向装置安装如图 5-15 所示。

常用导向装置外形如图 5-16 所示，导向装置由导向轮、连接支架、套筒、轴、轴承、螺母、垫圈组成。常用导向轮材质为橡胶或尼龙。

图 5-15　简易导向装置

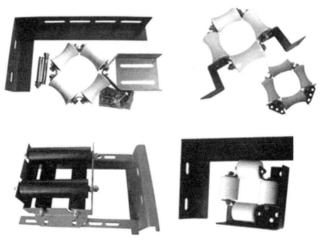

图 5-16　常用导向装置外形

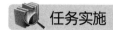任务实施

一、课堂准备

课堂准备及布置如下。

场地准备	课堂布置
6人用实训场地五块，对应数量的课桌椅，黑板一块，多媒体教学设备一套	小组成员坐在同一区域内，以便讨论

二、设备准备

对应小组数量的教学电梯重量平衡系统部件，供学生上课时认识。

三、任务布置

按要求进行分组，完成以下任务。

1. 仔细观察对重装置的结构组成，并填写表 5-2。

表 5-2 对重装置

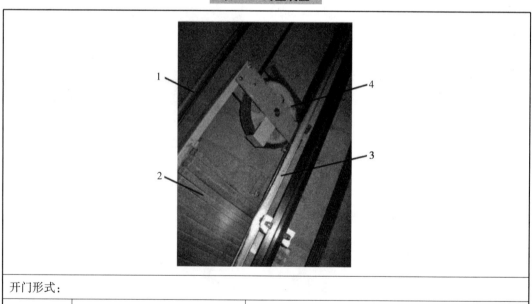

开门形式：		
序　号	名　　称	作　　用
1		
2		
3		
4		

2. 仔细观察平衡补偿装置的形状与结构，说出部件的名称及结构特点，并填写表 5-3。

表 5-3　平衡补偿装置

图　　片	名　　称	结构特点

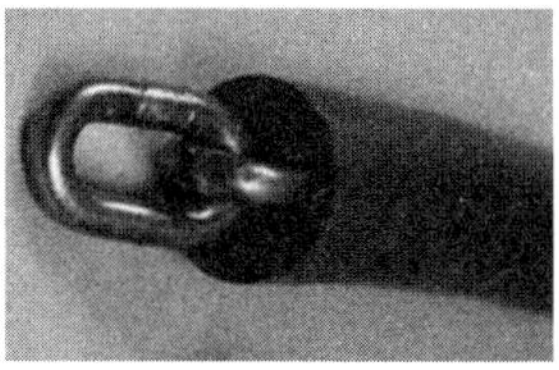		

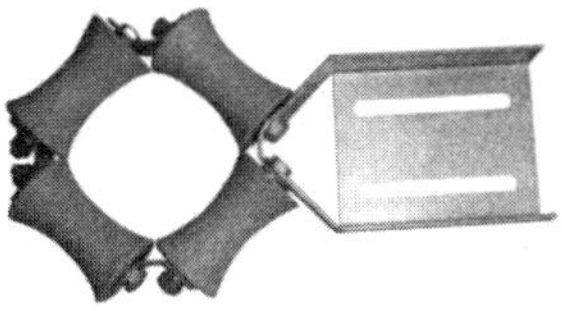		

考核评价

形式：现场测试
时间：20 分钟
内容要求： 　1. 请老师现场随机指出对重部件名称，学生找到部件并讲述功能作用。 　2. 请老师现场随机指出 3 个平衡补偿装置部件，学生回答部件名称及功能作用。
记录：

作业巩固

1. 重量平衡系统是由_____和_____构成的。

2. 一般情况下，只有轿厢的载重量达到_____的额定载重量时，对重一侧和轿厢一侧才处于完全平衡。

3. 对重的总重量一般由公式 $W=G+KQ$ 决定，其中，W 是指对重的重量，G 是指_____，K 是指_____，一般取值为_____，Q 是指_____。

4. 补偿方法的三种形式分别是_____、_____、_____。

5. 曳引式电梯的平衡系数应为（　　）。

A. 0.2~0.25　　　B. 0.4~0.5　　　C. 0.5~0.75　　　D. 0.75~1.0

6. 对重和轿厢的重量相等时，电梯处于平衡状态，轿厢内的载荷应为（　　）。

A. 空载　　　　B. 半载　　　　C. 满载　　　　D. 超载

7. 一台载货电梯，额定载重量为 1 000 kg，轿厢自重为 1 200 kg，平衡系数设为 0.5，对重的总重量应为（　　）kg。

A. 1 500　　　　B. 1 700　　　　C. 2 000　　　　D. 2 200

8. 对重的计算公式为（　　）。

A. $W=G+(0.2~0.3)Q$　　　　　　B. $W=G+(0.4~0.5)Q$

C. $W=G+(0.3~0.5)Q$　　　　　　D. $W=G-(0.4~0.5)Q$

9. 额定载重量为 1 000 kg 的电梯，轿厢自重为 1 400 kg，对重重量为 1 900 kg，则平衡系数为（　　）。

A. 0.3　　　　B. 0.4　　　　C. 0.5　　　　D. 0.6

10. 电梯平衡系数（　　）时，电梯空载向上运行时容易冲顶。

A. 太小　　　　B. 太大　　　　C. 变化　　　　D. 0.4~0.5

11. 电梯常用的补偿装置有补偿链、补偿绳和（　　）三种。

A. 补偿块　　　B. 补偿线　　　C. 补偿缆　　　D. 补偿环

12. 补偿链穿麻绳或包护套的主要目的是（　　）。

A. 增加强度　　　B. 减少冲击　　　C. 降低运行噪声　　　D. 保护链条

13. 电梯补偿链的作用是（　　）。

A. 补偿对重重量

B. 补偿轿厢重量

C. 补偿轿厢重载和空载之间重量的差值

D. 补偿轿厢、对重两边曳引钢丝绳的重量差

14. 电梯曳引补偿装置一般采用（　　）。

A. 补偿绳　　　B. 补偿链　　　C. 铁块　　　D. A 或 B

15. 电梯使用补偿绳装置必须（　　）。

A. 使用张紧轮　　　　　　　　　B. 用重力保持补偿绳的张紧状态

C. 电梯最大提升高度超过 30 m　　　D. 用一个电气安全装置

项目 **6**

电梯门系统结构

▶目标任务◀

知识目标：

1. 掌握门系统的组成与作用。

2. 掌握门机的机构组成。

3. 理解门系统的工作原理。

能力目标：

1. 能够正确辨识层门、轿门组成部件并讲解其功用。

2. 能够正确辨识门刀联动机构组成部件并讲解其功用。

3. 能够正确辨识门锁机构组成部件并讲解其功用。

一、门系统的组成与作用

电梯门系统（图6-1）主要包括轿门（轿厢门）、层门（厅门）与开关门机构及其附属部件，是电梯最重要的安全保护设施之一。电梯门系统的作用是防止乘客和物品坠入井道或与井道相撞，避免乘客或货物未能完全进入轿厢而被运动的轿厢剪切等危险的发生。

1. 层门的作用

层门（图6-2）又称为厅门，安装在候梯大厅电梯入口处。电梯层门是乘客在进入电梯前首先看到或接触到

图6-1 电梯门系统

的部分，电梯有多少个层站就会有多少个层门。当轿厢离开层站时，层门必须保证可靠锁闭，防止人员或其他物品坠入井道。层门是电梯的一个很重要的安全设施。根据不完全统计，电梯发生的人身伤亡事故约有 70% 是由层门的故障或使用不当等引起的。层门的开启与有效锁闭是保障电梯使用者安全的首要条件。

2. 轿门的作用

轿门（图 6-3）设置安装在轿厢入口处，由轿厢顶部的开关门机构驱动而开闭，同时带动层门开闭。轿门是随同轿厢一起运行的门，供乘客和货物进出。乘客在轿厢内部只能见到轿门。简易电梯用手工操作开闭的轿门称为手动门；当前一般的电梯都装有自动开关门机构，称为自动门。

图 6-2 层门　　　　　　　　　　图 6-3 轿门

3. 层门和轿门的相互关系

层门是设置在层站入口的封闭门，当轿厢不在该层门开锁区域时，层门保持锁闭；此时如果强行开启层门，层门上装设的机械——电气联锁门锁会切断电梯控制电路，使轿厢停止运行。层门的开启和关闭，必须是当轿厢进入该层站开锁区域，轿门与层门相重叠时，随轿门驱动而开启和关闭。所以轿门称为主动门，层门称为被动门，只有轿门、层门完全关闭后，电梯才能运行。

为了将轿门的运动传递给层门，轿门上一般设有开门联动装置，通过该装置与层门门锁的配合，使轿门带动层门运动。为了防止电梯在关门时将人夹住，在轿门上常设有关门安全装置（近门保护装置），当轿门关闭过程中遇到阻碍时，会立即反向运动，将门打开，直至阻碍消除后再完成关闭动作。

二、层门、轿门的形式

门的形式与结构不仅应方便乘客和货物进出层门和轿厢，而且应结构简单、构造科学。

1. 门的形式

电梯门主要有两类，即滑动门和旋转门，目前普遍采用的是滑动门。

滑动门按其开门方向又可分为中分式、旁开式和直分式三种。层门必须和轿门是同一类型的。

（1）中分式门

中分式门（图6-4）由中间分开。开门时，左、右门扇以相同的速度向两侧滑动；关门时，则以相同的速度向中间合拢。

这种门按其门扇的多少，常分为两扇中分式和四扇中分式。四扇中分式门用于开门宽度较大的电梯，此时单侧两个门扇的运动方式与两扇旁开式门相同。

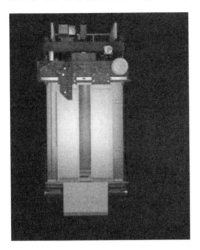

图6-4 中分式门

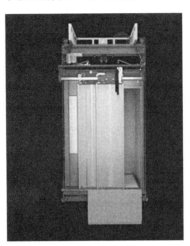

图6-5 旁开式门

（2）旁开式门

旁开式门（图6-5）由一侧向另一侧推开或由一侧向另一侧合拢。按照门扇的数量，常见的有单扇、双扇和三扇旁开式门。

当旁开式门为双扇时，两个门扇在开门和关门时各自的行程不相同，但运动的时间必须相同，因此两扇门的速度有快慢之分。速度快的称为快门，速度慢的称为慢门，所以双扇旁开式门又称双速门。由于门在打开后是折叠在一起的，因而又称双折式门。同理，当旁开式门为三扇时，称为三速门或三折式门。

旁开式门按开门方向，又可分为左开式门和右开式门。区分的方法是：人站在轿厢内，面向外，门向右开的称为右开式门，向左开的称为左开式门。

（3）直分式门

直分式门（图6-6）由下向上推开，又称闸门式门。按门扇的数量，可分为单扇、双扇和三扇等。与旁开式门同理，双扇门称双速门，三扇门称三速门。

图6-6 直分式门

三、轿门部件

轿门系统主要由门机装置、门板、安全装置以及轿门地坎组成（图6-7）。

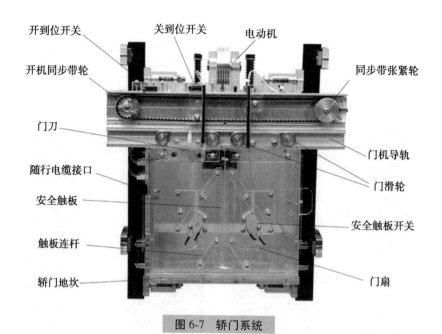

图 6-7　轿门系统

1. 门机装置

门机装置（图 6-8）为门系统的动力来源，通过它可实现厅门、轿门的开关门动作。门机装置主要包括电机、控制器、减速机构、传动机构、导向机构、门刀装置、轿门联锁开关等。

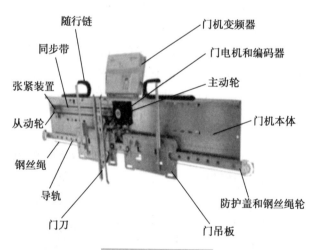

图 6-8　门机装置

2. 门的结构与组成

电梯的门一般均由门扇、门滑块、门靴、门地坎、门导轨架等组成。轿门由滑轮悬挂在轿门导轨上，下部通过门靴（滑块）与轿门地坎配合；层门由门滑轮悬挂在厅门导轨架上，下部通过门滑块与厅门地坎配合。

（1）门扇

电梯的门扇有封闭式、空格式及非全高式之分。

封闭式门扇一般用1~1.5 mm厚的钢板制成，中间辅以加强筋。有时为了加强门扇的隔音效果和提高减振作用，在门扇的背面涂设一层阻尼材料，如油灰等。

空格式门扇一般指交栅式门，具有通气、透气的特点，但为了安全，空格不能过大，我国规定栅间距离不得大于100 mm。这种门扇出于安全性能考虑，只能用于货梯轿厢厢门。

非全高式门扇，其高度低于门口高度，常见于汽车梯和货物不会有倒塌危险的专门用途货梯。用于汽车梯，其高度一般不应低于1.4 m；用于专门用途货梯，其高度一般不应低于1.8 m。

（2）门导轨架

门导轨架和门滑轮有多种形式。轿门导轨架安装在轿厢顶部前沿，层门导轨架安装在层门框架上部，对门扇起导向作用。门滑轮安装在门扇上部。全封闭式门扇以两个为一组，每个门扇一般装一组；交栅式门扇，由于门的伸缩需要，在每个门档上部均装有一个滑轮。

（3）门地坎和门滑块

门地坎（图6-9）和门滑块（图6-10）是门的辅助导向组件，与门导轨和门滑轮配合，使门的上下两端均受导向和限位。门在运动时，滑块顺着地坎槽滑动。

层门地坎安装在层门口的井道梁托上，轿门地坎安装在轿门口。地坎一般用铝型材料制成，门滑块一般用尼龙制成。在正常情况下，滑块与地坎槽的侧面和底部均有间隙。

电梯的门结构应具有足够的强度。我国《电梯制造与安装安全规范》中规定，当门在关闭位置时，用300 N的力垂直施加于门扇的任何一个面上的任何部位（使这个力均匀分布在5 cm² 的圆形或方形区域内），门的弹性变形不应大于15 mm；当外力消失后，门应无永久性变形，且启闭正常。

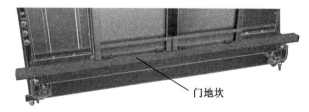

图6-9 门地坎

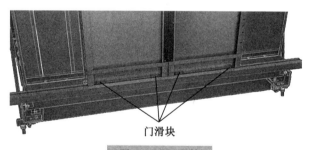

图6-10 门滑块

（4）门锁和电气安全触点

为防止发生坠落和剪切事故，层门由门锁锁住，使人在层站外不用开锁装置无法将层门打开，所以门锁是一个十分重要的安全部件。

门锁是机电联锁装置。层门上的锁闭装置（门锁）的启闭是由轿门通过门刀来带动的。层门是被动门，轿门是主动门，因此层门的开闭是由轿门上的门刀插入（夹住）层门锁滚轮，使锁臂脱钩后跟着轿门一起运动。

门刀用钢板制成，其形状似刀，故称为门刀。门刀用螺栓紧固在轿门上，在每一层站能准确插入两个锁滚轮中间，如图6-11所示。开门时，门刀向左推动锁臂滚动，使锁臂顺时针转动脱离锁钩，同时锁臂头上的导电座与电开关触头脱离，当锁臂的转动被限位块挡住时，门刀的开锁动作结束，厅门被带动。厅门的移动使得碰轮被挡块挡住而做顺时针翻转，在拉簧的作用下，动滚轮随之迅速靠向门刀，两个滚轮将刀夹住。关门时，门刀向右推动动滚轮，接近闭合位置时，碰轮被挡块挡住而做逆时针翻转，带动整个滚轮迅速翻转复位，使动滚轮脱离门刀，锁臂在弹簧力的作用下与锁钩锁合，导电座与电开关触头接触，电梯控制电路接通。

这种门锁在锁合时同样需要以门的动力将上滚轮翻转，但由于只需要克服较小的拉簧拉紧力，使门扇可以以较小的速度闭合，减小了冲击。同时，这种门锁以电气开关和导电座代替了单独使用电气开关，排除了由于开关触头粘连而使电气联锁失灵的可能。

图 6-11　门刀

四、层门部件

在电梯停靠层站面对轿门的井道壁上设置的供司机、乘用人员和货物进出轿厢的门称为层门（图 6-12），也称厅门。层门由踏板、左右立柱、上坎、挂门滚轮组、门扇、门锁等机件构成。其中地坎、门扇、立柱等部件与轿门相同。

图 6-12　层门

1. 门锁

门锁由底座、锁钩、钩挡、施力元件、滚轮、开锁门轮和电气安全触点组成（图 6-13）。即使弹簧（施力元件）失效，也可靠重力使门锁钩闭合，因此非常安全。门锁要求十分牢固，在开门方向加 1 000 N 的力应无永久变形，所以锁紧元件（锁钩、钩挡）应耐冲击，由金属制造或加固。

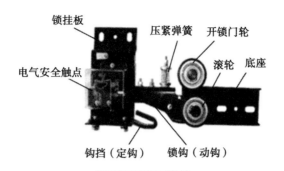

图 6-13 门锁

锁钩的啮合深度（钩住的尺寸）十分关键，国家标准要求啮合深度至少达到 7 mm 时，电气触点才能接通，电梯才能起动运行。锁钩锁紧的力是由施力元件（压紧弹簧）和锁钩的重力供给的。以往曾广泛使用的从下向上钩的门锁由于当施力元件（弹簧）失效时，锁钩的重力会导致开锁，已被禁止生产和使用。

门锁的电气安全触点是验证锁紧状态的重要安全装置，要求与机械锁紧元件（锁钩）之间的连接是直接的，不会误动作，而且当触头粘连时，也能可靠断开。现在一般使用的是簧片式或插头式电气安全触点，普通的行程开关和微动开关是不允许用的。

除了锁紧状态要由电气安全触点来验证外，轿门和层门的关闭状态也应由电气安全触点来验证。当门关到位后，电气安全触点才能接通，电梯才能运行。验证门关闭的电气安全触点也是重要的安全装置，应符合规定的安全触点要求，不能使用一般的行程开关和微动开关。

层门门扇之间若是用钢丝绳、皮带、链条等传动的，称为间接机械传动，则应在每个门扇上安装电气安全触点。由于门锁的安全触点也可验证门关闭，所以有门锁的门扇可以不用另装安全触点。

若门扇之间的联动是由刚性连杆传动的，称为直接机械传动，则电气安全触点可只装在被锁紧的门扇上。

轿门的各门扇若与开门机构是由刚性结构直接机械传动的，则电气安全触点可安装在开门机构的驱动元件上；若门扇之间是直接机械连接的，则可只装在一个门扇上；若门扇之间是间接机械连接即由钢丝绳、皮带、链条等传动的，而开门机构与门扇之间是由刚性结构直接机械连接的，则允许只在被动门扇（不是开门机构直接驱动的门扇）安装电气安全触点。如果开门机构与门扇之间也不是由刚性结构直接机械连接的，则每个门扇均要安装电气安全触点。

2. 人工紧急开锁

为了在必要时（如救援时）能从层站外打开层门，国家标准规定每个层门都应有人工紧急开锁装置（图 6-14）。工作人员可用三角形的专用钥匙（图 6-15）从层门上部的锁孔中插入，通过门后的开门顶杆将门锁打开。在无开锁动作时，开锁装置应自动复位，不能仍保持开锁状态。

图 6-14　人工紧急开锁装置

图 6-15　电梯专用钥匙

以前的电梯上紧急开锁装置只设在基站或两个端站，由于电梯救援方式的改变，现在强调每个层站的层门均应设紧急开锁装置。

3. 强迫关门装置

当轿厢不在层站时，层门无论什么原因开启，都必须有强迫关门装置（图 6-16）使该层门自动关闭。强迫关门装置是利用重锤的重力，通过钢丝绳、滑轮将门关闭的。强迫关门装置也有利用弹簧来实施关门动作的。

图 6-16　强迫关门装置

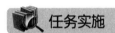 **任务实施**

一、课堂准备

课堂准备及布置如下。

场地准备	课堂布置
6人用实训场地五块，对应数量的课桌椅，黑板一块，多媒体教学设备一套	小组成员坐在同一区域内，以便讨论

二、设备准备

对应小组数量的教学门系统部件，供学生上课时认识。

三、任务布置

按要求进行分组，完成以下任务。

1. 仔细观察门系统各部件，并填写表 6-1。

表 6-1　电梯门系统部件

图　片	名　称	作　用

2. 仔细观察层门门锁的形状与结构，并填写表 6-2。

表 6-2 层门门锁结构

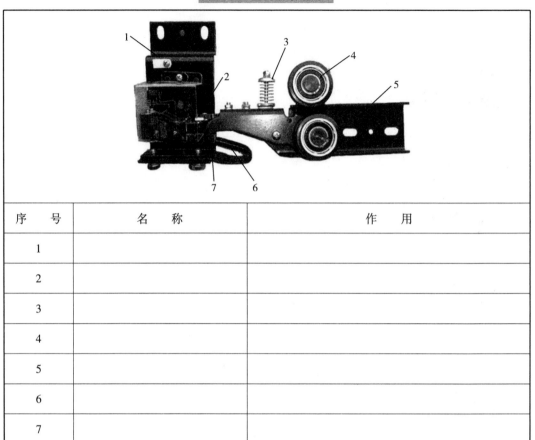

序　号	名　　称	作　　用
1		
2		
3		
4		
5		
6		
7		

考核评价

形式：现场测试
时间：20 分钟
内容要求： 　　1. 请老师选取 5 个不同类型的门系统部件实物，学生观察后回答部件名称及作用。 　　2. 请老师选取 5 个层门、轿门实物部件，学生观察后回答部件名称及作用。
记录：

作业巩固

1. （　　）电梯的层门门扇与门扇之间、门扇与门套、地坎之间的间隙应不大于 6 mm。

　　A. 乘客　　　　　　　B. 载货　　　　　　　C. 杂物　　　　　　　D. 船用

2. 电梯开关门过程中最大噪声不大于（　　）dB。

　　A. 55　　　　　　　B. 60　　　　　　　C. 65　　　　　　　D. 70

3. 门系统由轿厢门、（　　）、开门电机、联动机构等组成。

　　A. 安全窗　　　　　B. 层门　　　　　　C. 门锁　　　　　　D. 导向轮

4. 乘客电梯（　　）。

　　A. 可以不装设轿门　　　　　　　　　　B. 应装设轿门

　　C. 轿门应无孔　　　　　　　　　　　　D. 轿门只能使用金属制成

5. 轿门四周的间隙在计算通风孔面积时可以考虑进去，但最大不得大于所要求的有效面积的（　　）%。

　　A. 30　　　　　　　B. 50　　　　　　　C. 60　　　　　　　D. 80

6. 轿厢停靠层站时在地坎上下延伸的一段区域称为（　　）。当轿厢底在此区域内时门锁方能打开，使开门机动作，驱动轿门、层门开启。

　　A. 开锁区域　　　　　　　　　　　　　B. 平层区域

　　C. 开门宽度　　　　　　　　　　　　　D. 平层

7. 在轿门驱动层门的情况下，当轿厢在（　　）之外时，若层门无论什么原因而开启，则应有一种装置能确保层门自动关闭。

　　A. 开锁区域　　　　　　　　　　　　　B. 开门区域

　　C. 平层区域　　　　　　　　　　　　　D. 换速区域

8. 门电动机安装在（　　）。

　　A. 机房　　　　　　B. 井道　　　　　　C. 轿顶　　　　　　D. 底坑

9. 在轿门上装有（　　），当电梯关门碰到人或物阻碍关门时，装置动作，使门重新开启。

　　A. 停止装置　　　　　　　　　　　　　B. 超载保护装置

　　C. 防夹安全保护装置　　　　　　　　　D. 断带保护装置

10. 关门行程超过1/3后，阻止关门的力不超过（　　）。

　　A. 110 N　　　　　B. 140 N　　　　　C. 130 N　　　　　D. 120 N

11. 对于层门门扇与门扇、门扇与门套、门扇下端与地坎的间隙，乘客电梯应为（　　）。

　　A. 1~8 mm　　　　B. 1~6 mm　　　　C. 2~7 mm　　　　D. 6~8 mm

12. 层门的自动门锁具有的功能是（　　）。

　　A. 关合门时，能接通控制

　　B. 关合门时，能接通门联锁继电器和锁住层门，在厅外不能拉开

　　C. 关合门时，能接通控制电源盒锁住层门，并具有自闭门功能

　　D. 关合门时，锁住层门

13. 杂物电梯的层门与其他电梯一样是防止发生剪切和坠落事故的关键，所以层门应设有（　　　　）。

　　A. 急停装置　　　　　　　　　　　B. 电气和机械联锁装置

　　C. 重力锁　　　　　　　　　　　　D. 弹珠锁

14. 层门是被动门，它是由（　　　　）带动的。

　　A. 电动机　　　　B. 开门机构　　　　C. 轿门上的门刀　　　D. 导向轮

15. 自动开门的电梯其层门应不能（　　　　）开启。

　　A. 在层站用锁匙　　　　　　　　　B. 在轿厢内部用开门按钮

　　C. 在层门外用手扒　　　　　　　　D. 在轿顶用力

16. 层门锁钩锁臂及触点动作应灵活，在电气安全装置动作之前，锁紧元件的最小啮合长度为（　　　　）。

　　A. 4 mm　　　　　　B. 5 mm　　　　　　C. 7 mm　　　　　　D. 10 mm

17. 对于层门门扇与门扇、门扇与门套、门套下端与地坎的间隙，载货电梯应为（　　　　）。

　　A. 1~5 mm　　　　　B. 1~6 mm　　　　　C. 1~7 mm　　　　　D. 1~8 mm

18. 当电梯轿厢不在本楼层时，开启的层门在外力消失后应（　　　　）。

　　A. 自动打开　　　　　　　　　　　B. 保持在原来位置

　　C. 自行关闭　　　　　　　　　　　D. 有外呼信号关闭

项目 7

电梯安全保护系统结构

▶ 目标任务 ◀

知识目标:

1. 掌握电梯安全保护装置的分类及各部件的作用。
2. 掌握限速器、安全钳联动的工作原理。
3. 重点掌握限速器、安全钳、缓冲器的分类、结构组成及适用范围。

能力目标:

1. 能够正确辨识安全保护装置的名称并讲解其功能作用。
2. 能够正确辨识限速器、安全钳、缓冲器的类别,并讲解其工作原理。

 知识准备

一、电梯安全部件整体结构

为使电梯安全运行,从电梯设计制造、安装及日常维保等环节,都要充分考虑到防止危险发生,并针对各种可能发生的危险设置专门的安全装置。

根据 GB 7587—2003《电梯制造与安装安全规范》中的规定,电梯必须设置一系列机械和电气安全装置。电梯的安全系统包括具有高安全系数的曳引钢丝绳、限速器、安全钳、缓冲器、多道限位开关、防超载系统及完善严格的开关门系统等。

1. 电梯运行危险源

（1）轿厢失控、超速运行

当发生曳引机电磁制动器失灵,减速器中的轮齿、轴、销、键等折断,以及曳引绳在曳引轮绳槽中严重打滑等情况时,正常的制动手段已无法使电梯停止运行,造成轿厢失去控制,运行速度超过额定速度。

（2）终端越位

由于平层控制电路出现故障,轿厢运行到顶层端站或底层端站时,未停车而继续运行或超出正常的平层位置。

（3）冲顶或蹾底

上终端限位装置失灵等，造成轿厢或对重冲向井道顶部，称为冲顶；下终端限位装置失灵或电梯失控，造成电梯轿厢或对重跌落井道底坑，称为蹾底。

（4）不安全运行

由于限速器失灵、层门和轿门不能关闭或关闭不严时电梯运行，轿厢超载运行，曳引电动机在缺相或错相等状态下运行等，都是不安全运行。

（5）非正常停止

控制电路出现故障、安全钳误动作、制动器误动作或电梯停电等，都会造成运行中的电梯突然停止。

（6）关门障碍

电梯在关门过程中，门扇受到人或物体的阻碍，使门无法关闭。

2. 电梯安全保护系统的分类

（1）超速保护装置

超速保护装置主要包括限速器（图7-1）、张紧装置（图7-2）、安全钳（图7-3）、夹绳器（图7-4）等。

图7-1 限速器

图7-2 张紧装置

图7-3 安全钳

图7-4 夹绳器

（2）超程保护装置

① 超程保护开关（图 7-5）：强迫减速开关、限位开关、极限开关。上述三个开关分别起到强迫减速、切断控制电路、切断动力电源三级保护。

② 撞底（与冲顶）保护装置：缓冲器（图 7-6）。

图 7-5 超程保护开关

图 7-6 缓冲器

（3）超载、过载保护装置

超载、过载保护装置包括轿厢超载控制装置、轿厢慢速移动装置、限速器断绳开关、热过载保护开关等。

（4）门安全保护装置

① 确保门可靠关闭装置：层门、轿门门锁电气联锁装置（图 7-7）。

② 近门安全保护装置：层门、轿门设置的光电检测或超声波检测装置（图 7-8）、门安全触板等。

门安全保护装置可保证门在关闭过程中不会夹伤乘客或货物，关门受阻时，保持门处于开启状态。

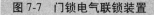

图 7-7 门锁电气联锁装置

图 7-8 光幕

（5）其他安全保护装置

其他安全保护装置主要包括安全钳误动作开关、轿顶安全窗和轿厢安全门、供电系统断相或错相保护装置、相序保护继电器、报警装置、轿厢内外联系的警铃和电话等。

除上述安全装置外，还会设置轿顶安全护栏、轿厢护脚板、底坑对重侧防护栏等设施。

二、超速保护装置

电梯控制失灵、曳引力不足、制动器失灵、制动力不足、超载拖动以及绳断裂等，都会造成轿厢超速和坠落，因此必须有可靠的保护措施。电梯中防超速和断绳的保护装置主要是限速器-安全钳系统。它们之间的联动结构示意图如图7-9所示。

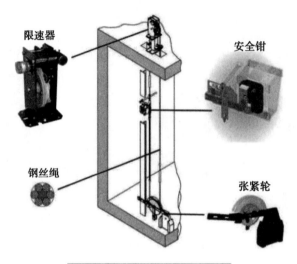

图7-9 限速器-安全钳系统

1. 限速器

（1）限速器的工作原理

限速器是限制电梯运行速度的装置，一般安装在机房。当轿厢超速下降时，轿厢的速度立即反映到限速器上，使限速器的转速加快。当轿厢的运行速度超过电梯额定速度的15%时，达到限速器的电气设定速度和机械设定速度后，限速器开始动作，分两步迫使电梯轿厢停下来。第一步是限速器立即通过限速器开关切断控制电路，使电动机和电磁制动器失电，曳引机停止转动，制动器牢牢卡住制动轮，使电梯停止运行。如果这一步没有达到目的，电梯继续超速下降，这时限速器进行第二步制动，即限速器立即卡住限速器钢丝绳，此时钢丝绳受到限速器的提拉力，拉动安全钳拉杆，提起安全钳楔块，楔块牢牢夹住导轨，迫使电梯停止运行。在安全钳动作之前或同时，安全钳开关也能起到切断控制电路的作用（该开关必须人工复位后，电梯方能恢复正常运行）。一般情况下，限速器动作的第一步就能避免事故的发生，应尽量避免安全钳动作，因为安全钳动作后安全钳楔块将牢牢地卡在导轨上，会在导轨上留下伤痕，损伤导轨表面。所以一旦安全钳动作，维修人员在恢复电梯正常运行后，需要修锉一下导轨表面，使表面保持光洁、平整，以避免安全钳误动作。安全钳动作后，必须经电梯专业人员调整后才能恢复使用。

（2）限速器的结构组成

限速器装置由限速器、钢丝绳和张紧装置组成。钢丝绳把限速器和张紧装置连接起来，绳的两端分别绕过限速器和张紧装置的绳轮形成一个封闭的环路后，固定在轿厢架上梁安全钳的绳头拉手上，该拉手能提拉起安装在轿厢梁上的安全钳连杆系统，如图 7-10 所示，使轿厢两侧的安全钳楔块同步提起，夹住导轨，使超速下行的轿厢被迫制停。

图 7-10 限速器-安全钳联动装置

（3）限速器的种类

因电梯的额定速度不同，使用的限速器也不同。常见限速器分为摆锤式限速器和离心式限速器。摆锤式限速器因限速器轮工作时其摆杆不断摆动而得名，又称为凸轮式限速器，也称为惯性式限速器。根据摆杆与凸轮的相对位置，可分为下摆杆凸轮棘爪式限速器（图 7-11）和上摆杆凸轮棘爪式限速器。离心式限速器分为甩块式限速器和甩球式限速器。甩块式限速器根据动作时对钢丝绳的夹持形式，分为刚性夹持式（图 7-12）和弹性夹持式限速器（图 7-13）。对于额定速度不大于 1 m/s 的电梯，采用刚性夹持式限速器，配用瞬时式安全钳。对于额定速度大于 1 m/s 的电梯，采用弹性夹持式限速器，配用渐进式安全钳。各类限速器装置的特点如表 7-1 所示。

表 7-1 各类限速器的性能特点

种　类		适用速度	安全钳	使用特点
摆锤式	下摆杆凸轮棘爪式	1 m/s 以下	瞬时式	结构简单，制造维护方便，缺乏可靠的夹绳装置，多用于低速电梯
	上摆杆凸轮棘爪式			
离心式	甩块式 刚性夹持式	1 m/s 以下	瞬时式	夹持力不可调，工作时对钢丝绳损伤较大
	甩块式 弹性夹持式	1 m/s 以上	渐进式	工作时对钢丝绳损伤小，多用于快速梯
	甩球式（多为弹性夹持式）	各种速度	渐进式	结构简单可靠，反应灵敏，用于快、高速梯

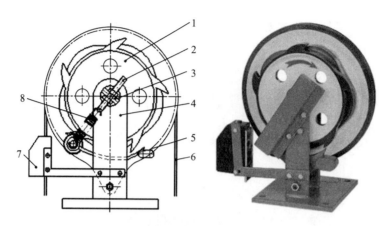

1. 制动轮；2. 拉簧调节螺钉；3. 制动轮轴；4. 支座；
5. 摆杆；6. 限速器绳；7. 超速开关；8. 调速弹簧。

图 7-11　下摆杆凸轮棘爪式限速器

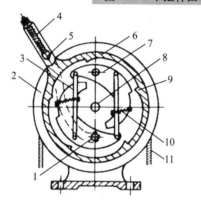

1. 销轴；2. 限速器绳轮；3. 连接板；4. 绳钳弹簧；5. 夹绳钳；6. 制动圆盘（棘齿罩）；
7. 甩块（离心重块）；8. 心轴；9. 棘齿；10. 拉簧；11. 限速器钢丝绳。

图 7-12　刚性夹持式甩块限速器

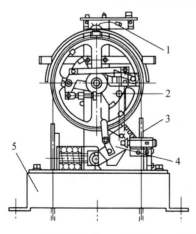

1. 超速开关；2. 锤罩；3. 限速器绳；4. 夹绳钳；5. 底座。

图 7-13　弹性夹持式限速器

1）摆锤式限速器及工作原理

下摆杆凸轮棘爪式限速器与上摆杆凸轮棘爪式限速器的工作原理基本相同，下面以下摆杆凸轮棘爪式限速器为例。如图7-11所示，当轿厢下行时，限速器绳带动限速器绳轮旋转，五边形盘状凸轮与绳轮及棘轮制为一体旋转，盘状凸轮的轮廓线与装在摆杆6左侧的胶轮接触，凸轮轮廓线的变化使摆杆6猛烈摆动。由于胶轮轴被调速弹簧4拉住，在额定速度范围内，胶轮始终与盘状凸轮贴合，摆杆右边的棘爪与棘轮上的齿无法接触到，当轿厢超速时，凸轮转速加快，摆杆惯性加大，使摆杆摆动的角度增大，首先导致胶轮触动超速开关8，切断电梯控制电路，制动器动作使电梯停止。如果此时仍未将电梯有效制动，超速继续加剧，则使摆杆右端的棘爪与棘轮上的齿相啮合，限速器绳轮被迫停止转动，缠绕在其上的限速器绳随即停止运动，于是随轿厢继续下行，限速器绳与轿厢之间产生相对运动，限速器绳拉动安全钳操纵拉杆系统，安全钳动作，轿厢被制动在导轨上。调节调速弹簧4的张力，可调节限速器的动作速度。当限速器动作后需要复位时，可使轿厢慢速上行，限速器绳轮（凸轮、棘轮）反向旋转，棘爪与棘齿脱开，安全钳即可复位。

2）甩块式限速器及工作原理

甩块式限速器是利用旋转离心力随着转速变化而加大的原理来完成动作的。限速器绳轮转动时，离心力作用于甩块，产生远离回转中心的趋势，超速到限定值时，甩块触发超速安全开关，继而带动安全钳动作。

限速器、安全钳动作瞬间会断开控制电路，使制动器失电而制动。只有当所有安全开关复位，轿厢向上提起时，才能释放安全钳，安全钳未恢复到正常位置，电梯不能起动。

刚性夹持式限速器在动作时，对限速器绳的夹持是刚性的，动作灵敏可靠，但冲击过大，对限速器绳损伤大，仅适用于低速电梯，必须配用瞬时式安全钳。通过调整弹簧的张力，可以允许限速器绳被夹后有少许的滑动，减少冲击。

3）双向限速器及工作原理

限速器按照数量来分还可分为单向（上行、下行）限速器和双向限速器。单向限速器如图7-11、图7-12、图7-13所示，此处不再介绍。双向限速器按照组合方式又可分为双向限速器-双向安全钳、双向限速器-曳引绳夹绳器、对重限速器-对重安全钳等，其中采用双向限速器（图7-14）配合双向安全钳方式的较多。在旧梯改造过程中，则采用双向限速器配合夹绳器方式的较多。

图7-14 双向限速器

2. 限速器张紧装置

限速器张紧装置（图7-15）由支架、张紧轮、重砣及断绳开关等组成。张紧轮导向装置限位导向，防止限速器绳扭转和张紧装置摆动。

为补偿限速器绳在工作中的伸长，张紧装置在导向装置中上下浮动。为防止限速器绳断裂或过分伸长，张紧装置触地失效。张紧装置底部距底坑应有合适的高度，低速电梯为（400±50）mm，快速电梯为（550±50）mm，高速电梯为（750±5）mm。限速器绳的拉力为：限速器动作时，限速器绳的张力应大于安全钳起动时所需力的两倍，且不小于300 N。

图7-15　限速器张紧装置

张紧装置的侧面装有断绳保护开关，若限速器绳断裂或过度伸长，张紧装置向下垂落，断绳保护开关被触发，切断电梯控制电路，防止电梯在没有限速器和安全钳的保护下行驶。张紧装置可分为垂直式（图7-16）和摆臂式（图7-17）。

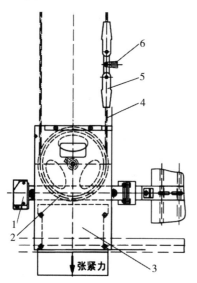

1. 断绳开关；2. 张紧轮；3. 配重块；
4. 限速器绳；5. 绳头装置；6. 安全钳操纵杆。

图7-16　垂直式限速器绳张紧装置

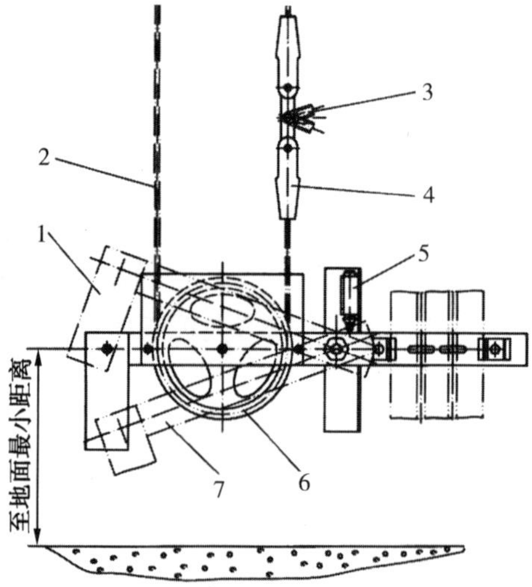

1. 配重块；2. 限速器绳；3. 安全钳操纵杆；
4. 绳头装置；5. 断绳开关；6. 张紧轮；7. 配重摆臂。

图7-17　摆臂式限速器绳张紧装置

3. 安全钳装置

安全钳是一种使轿厢（或对重）停止向下运动的机械装置。凡是由钢丝绳或链条悬挂的电梯，其轿厢均应设置安全钳。当底坑下面有空间能进人时，对重也可设安全钳。安全钳一般都安装在轿架底梁上，成对同时作用在导轨上。

在电梯发生超速、断绳等故障时，安全钳在限速器的操纵下，将轿厢制停并夹持在导轨上。安全钳对电梯的安全运行提供有效的保护作用。

（1）安全钳装置组成与安装位置

1）安全钳装置组成

安全钳装置由安全钳操纵机构和安全钳体两部分组成（图7-18）。

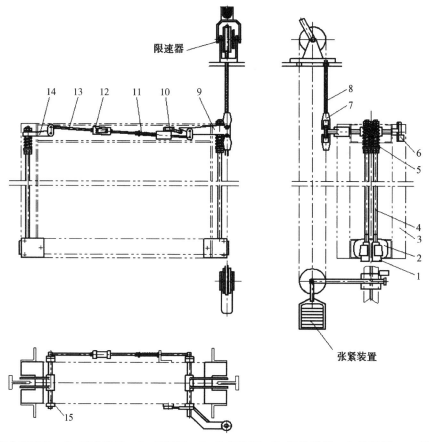

1. 安全钳楔块；2. 安全钳座；3. 轿厢架；4. 垂直拉杆；5. 复位弹簧；6. 防跳器；7. 绳头；
8. 限速器绳；9. 安全钳拉杆；10. 安全钳急停开关；11. 复位弹簧；12. 正反旋螺母；
13. 横拉杆；14. 从动拉杆；15. 转轴。

图7-18 限速装置与安全钳

2）安全钳在轿厢上的安装位置

安全钳体多装于轿厢架底梁或立柱上，位于上、下导靴之间，并保证安装牢固可靠；垂直拉杆装在轿厢架两侧立柱上，两侧拉杆间采用横拉杆连接，以保证动作同步。一个轿厢设有两组安全钳及与它相配合的垂直拉杆。安全钳的操纵机装在轿厢架上梁，并通过主动杠杆与限速器钢丝绳相连。如果轿厢和对重都需装置安全钳，安全钳的动作应由各自的限速器来控制。

（2）安全钳的种类与结构特点

安全钳按钳块的结构特点可分为单面偏心式、双面偏心式、单面滚柱式、双面滚柱式、单面楔块式、双面楔块式等。其中双面楔块式在动作过程中对导轨损伤较小，而且制动后方便解脱，因此是应用最广泛的一种形式。不论是哪一种结构形式的安全钳，当安全钳动作后，只有将轿厢提起，方能使轿厢上的安全钳释放。

按安全钳的动作过程，常见的安全钳可分为瞬时式安全钳和渐进式安全钳。

1）瞬时式安全钳

瞬时式安全钳也叫作刚性急停型安全钳。它的承载结构是刚性的，动作时产生很大的制动力，使轿厢立即停止运行。瞬时式安全钳按照制动元件的结构形式可分为楔块型、偏心块型和滚柱型三种。

瞬时式安全钳的特点是：制停距离短，轿厢承受的冲击大。在制停过程中，楔块或其他形式的卡块迅速地卡入导轨表面，从而使轿厢停止运行。滚柱型瞬时安全钳的制停时间约为 0.1 s，而双楔块型瞬时安全钳的制停时间只有 0.01 s 左右，整个制停距离只有几毫米至几十毫米，轿厢的最大制停减速度在 $5 \sim 10 \ \mathrm{m/s^2}$。因此，GB 7587—2003 规定，瞬时式安全钳只适用于额定速度不超过 0.63 m/s 的电梯。

① 楔块型瞬时式安全钳（图 7-19）。

安全钳座一般用铸钢制成整体式结构，楔块用优质耐热钢制成，表面淬火使其有一定的硬度。为加大楔块与导轨工作面间的摩擦力，楔块工作面常制成齿状花纹。

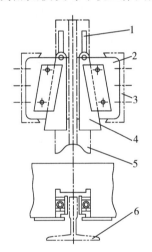

1. 拉杆；2. 安全钳座；3. 轿厢下梁；4. 楔（钳）块；5. 导轨；6. 盖板。

图 7-19 楔块型瞬时式安全钳

② 偏心块型瞬时式安全钳。

偏心块型瞬时式安全钳（图 7-20）由两个硬化钢制成的带有半齿的偏心块组成，它有两根联动的偏心块连接轴，轴的两端用键与偏心块相连。当安全钳动作时，两个偏心块连接轴相对转动，并通过连杆使四个偏心块保持同步动作；偏心块的复位由一弹簧来实现，通常在偏心块上装有一根提拉杆。应用这种类型的安全钳，偏心块卡紧导轨的面积很小，接触面压力极大，动作时往往会使齿或导轨表面受到破坏。

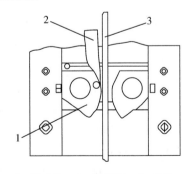

1. 偏心块；2. 提拉杆；3. 导轨。

图 7-20 偏心块型瞬时式安全钳

③ 滚柱型瞬时式安全钳。

滚柱型瞬时式安全钳（图 7-21）的提拉杆提起时，淬硬的（表面硬度为 HRC 40 ~ 45）滚花钢制滚柱在钳体楔形槽内向上滚动，当滚柱贴上导轨时，钳座就在钳体内做水平移动，这样就消除了另一侧的间隙。为了使两根导轨上的滚柱同时动作，两边的连杆共用一根轴。滚柱型瞬时式安全钳常用在低速重载的货梯上。

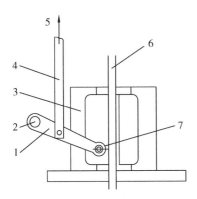

1. 连杆；2. 支点；3. 爪；4. 操纵杆；5. 提拉杆；6. 导轨；7. 销轴。

图 7-21 滚柱型瞬时式安全钳

2）渐进式安全钳

渐进式安全钳又称弹性滑移安全钳。它能控制制动力在某一范围内，使轿厢制停时保持一定的滑移距离，使制停力逐渐增大或保持恒定值，制停减速度不至于很大。

渐进式与瞬时式安全钳的根本区别在于制动开始后，其制动力并非固定，因增加了弹性元件，保证制动力有缓冲的余地，能在较长距离上制停轿厢，使制动减速度减小。渐进式安全钳适用于速度大于 0.63 m/s 的电梯。

渐进式安全钳可分为楔块型渐进式安全钳（图 7-22）、弹性导向钳式安全钳（图 7-23）、

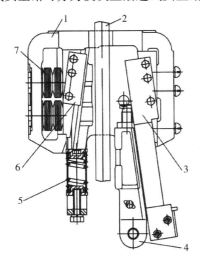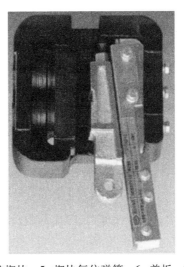

1. 安全钳体；2. 导轨；3. 提拉楔块盖板；4. 提拉楔块；5. 楔块复位弹簧；6. 盖板；7. 碟簧。

图 7-22 楔块型渐进式安全钳

π形渐进式安全钳（图7-24）等。

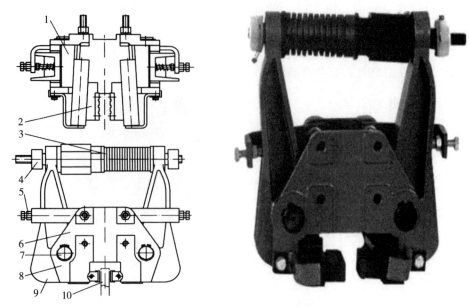

1. 导向楔块；2. 制动楔块；3. 碟簧；4. 碟簧张力调整螺母；5. 间隙调整螺母；
6. 钳体；7. 圆柱销；8. 安全钳体；9. 导向钳；10. 导轨。

图 7-23　弹性导向钳式安全钳

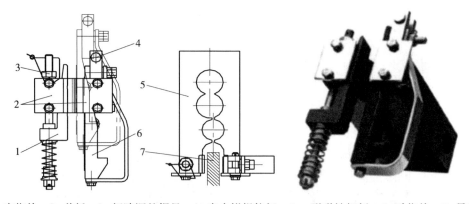

1. 定楔块；2. 盖板；3. 间隙调整螺母；4. 安全钳提拉杆；5. π形弹性钢板；6. 动楔块；7. 导轨。

图 7-24　π形渐进式安全钳

3）双向安全钳

GB 7587—2003 中指出，必须对轿厢施行双向限速，双向安全钳与双向限速器相配合，构成了一种可靠的双向限速结构。

双向安全钳（图7-25）是与电梯双向超速保护装置安装在一起，但上行制动力和下行制动力可以单独设置调整的安全钳。双向安全钳在当前电梯中使用得较多。

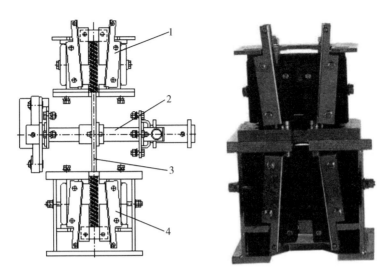

1. 上行安全钳；2. 安全钳操纵机构；3. 楔块连接杆；4. 下行安全钳。

图 7-25 双向安全钳

（3）安全钳的使用条件

GB 7587—2003 中规定，滑移动作安全钳制动的平均减速度应在 $0.2 \sim 1$ m/s^2，同时还有以下使用条件：

① 电梯额定速度大于 0.63 m/s，轿厢应采用渐进式安全钳。若电梯额定速度小于或等于 0.63 m/s，轿厢可采用瞬时式安全钳。

② 若轿厢装有数套安全钳，则它们应全部是渐进式的。

③ 若额定速度大于 1 m/s，对重安全钳应是渐进式的；其他情况下，可以是瞬时式的。

④ 轿厢和对重的安全钳的动作应由各自的限速器来控制。若额定速度小于或等于 1 m/s，对重安全钳可借助悬挂机构的断裂或借助一根安全绳来动作。

⑤ 不得采用电气、液压或气动操纵的装置来操纵安全钳。

4. 夹绳器

（1）夹绳器的作用

GB 7587—2003 中规定，所有曳引驱动电梯上应装设上行超速保护装置。该装置应作用于轿厢、对重、钢丝绳系统（含曳引钢丝绳或补偿绳）、曳引轮位置上。

对于在用电梯的改造，多采用钢丝绳制停方式，即采用夹绳器来实现上行超速保护。夹绳器一般安装在曳引轮和导向轮间的曳引机机架上或导向轮下部，必须保证安装牢固可靠。

（2）夹绳器的结构原理

夹绳器的实物图如图 7-26 所示，夹绳器的结构如图 7-27 所示。根据夹绳器触发装置的不同，夹绳器又分为限速器机械式触发和电磁式触发两种类型。限速器机械式触发的原理是：闸线拉动，限速器动作机构直接带动提拉钢丝软抽使夹绳器动作。电磁式触发的原理是：超速后限速器发出电信号，夹绳器前、后夹板动作，夹紧曳引钢丝绳实施制动。

图 7-26　夹绳器实物图

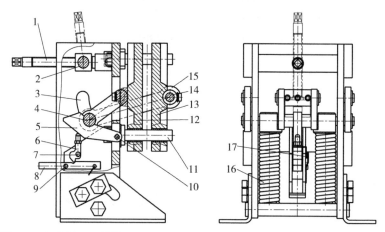

1. 复位螺杆；2. 复位螺母及转轴；3. 滑动轴导槽；4. 滑动轴；5. 滑动轴锁钩；6. 锁钩支撑；
7. 锁钩支撑转轴；8. 触发拨杆；9. 触发拨杆转轴；10. 滑动轴锁钩转轴；11. 夹板导柱；
12. 前夹板；13. 后夹板；14. 后夹板连接轴；15. 连杆；16. 夹紧弹簧；17. 锁钩扭簧。

图 7-27　夹绳器结构图

　　夹绳器在每次完成夹绳动作后，其前、后夹板等必须人工复位夹紧弹簧，夹紧装置复位后复位螺杆应旋松到规定位置并固定。

　　就目前使用效果来看，由于夹绳器动作是瞬时完成的，非常粗暴，冲击强烈，尤其是动作时对重常产生非常严重的跳动，动作后对夹绳块及曳引钢丝绳损伤较大，使用寿命较短，故在电梯界存在较多争议。目前电梯界也正在探讨更合理有效的上行超速保护装置。

三、超程保护装置

1. 终端限位保护装置

　　终端限位保护装置的功能是防止由于电梯电气系统失灵，轿厢到达顶层或底层后仍继续行驶（冲顶或蹲底），造成超限运行的事故。此类限位保护装置主要由强迫换速开关、终端限位开关、终端极限开关等三个开关及相应的碰板、碰轮和联动机构组成（图7-28）。

（1）强迫换速开关

1）一般强迫换速开关

强迫换速开关是电梯失控有可能造成冲顶或蹲底时的第一道防线。强迫换速开关由上、下两个开关组成，一般安装在井道的顶部和底部。当电梯失控，轿厢已到顶层或底层，而不能减速停车时，装在轿厢上的碰板与强迫换速开关的碰轮相接触，使触点发出指令信号，迫使电梯减速停驶。

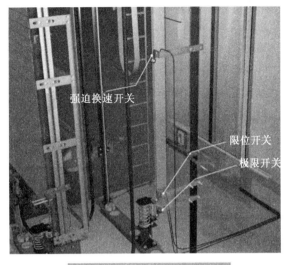

图7-28　终端限位保护装置

2）快速梯和高速梯用的端站强迫换速开关

此装置包括分别固定在轿厢导轨上、下端站处的打板以及固定在轿厢顶上且具有多组触点的特制开关装置。

电梯运行时，设置在轿顶上的开关装置跟随轿厢上下运行，到达上、下端站楼面之前，开关装置的橡皮滚轮左右碰撞固定在轿厢导轨上的打板。橡皮滚轮通过传动机构分别推动预定触点组依次切断相应的控制电路，强迫电梯到达端站楼面之前提前减速，在超越端站楼面一定距离时就立即停靠。

（2）终端限位开关

终端限位开关（图7-29）由上、下两个开关组成，一般分别安装在井道顶部和底部，是电梯失控的第二道防线。当强迫换速开关未能使电梯减速停驶，轿厢越出顶层或底层位置后，上限位开关或下限位开关动作，切断控制线路，使曳引机断电并使制动器动作，迫使电梯停止运行。

（3）终端极限开关

1）机械式终端极限开关

该极限开关（图7-29）是在强迫减速开关和终端限位开关失去作用，控制轿厢上行（或下行）的主接触器失电后仍不能释放时（如接触器触点熔焊粘连、线圈铁芯被油污粘住，衔铁或机械部分被卡死等），切断电梯供电电源，使曳引机停车，制动器制动。在轿

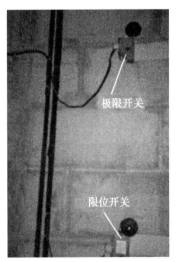

图7-29　极限开关与限位开关

厢地坎超越上、下端站地坎200 mm，轿厢或对重接触缓冲器之前动作，装在轿厢上的碰板与装在井道上、下端的上碰轮或下碰轮接触，牵动与装在机房墙上的极限开关相连的钢丝绳，使只有人工才能复位的极限开关动作，切断除照明和报警装置电源外的总电源。极限开关常用机械力切断电梯总电源的方法使电梯停驶。

2）电气式终端极限开关

这种形式的终端极限开关，采用与强迫换速开关和终端限位开关相同的限位开关，设置在终端限位开关之后的井道顶部或底部，用支架板固定在导轨上。在轿厢地坎超越上、下端站 20 mm 且轿厢（或对重）接触缓冲器之前动作，由装在轿厢上的碰板触动限位开关，切断安全回路电源或断开上行（或下行）主接触器，使曳引机停止转动，轿厢停止运行。

终端限位保护装置动作后，应由专职的维修保养人员检查，排除故障后，方可投入运行。

2. 缓冲器

缓冲器安装在井道底坑内，应与地面垂直并正对轿厢（或对重）下侧的缓冲板，要求其安装牢固可靠，承载冲击能力强。缓冲器是一种吸收、消耗运动轿厢（或对重）的能量，使其减速停止，并对其提供最后一道安全保护的电梯安全装置。

电梯在运行时，由于安全钳失效、曳引轮槽摩擦力不足、抱闸制动力不足、曳引机出现机械故障、控制系统失灵等，轿厢（或对重）超越终端层站底层，并以较高的速度撞向缓冲器，由缓冲器起到缓冲作用，以避免电梯轿厢（或对重）直接撞底或冲顶，保护乘客或运送货物及电梯设备的安全。

轿厢（或对重）失控时竖直下落，具有相当大的动能，为尽可能避免或减少损失，就必须吸收和消耗轿厢（或对重）的能量，使其安全、减速平稳地停止在底坑。所以缓冲器的原理就是使轿厢（或对重）的动能、势能转化为一种无害或安全的能量形式。采用缓冲器可使运动着的轿厢（或对重）在一定的缓冲行程或时间内逐渐减速停止。

（1）缓冲器的类型

缓冲器按照其工作原理的不同，可分为蓄能型缓冲器和耗能型缓冲器两种。

1）蓄能型缓冲器

此类缓冲器又称为弹簧式缓冲器。当缓冲器受到轿厢（或对重）的冲击后，利用弹簧的变形吸收轿厢（或对重）的动能，并储存于弹簧内部。当弹簧被压缩到最大变形量后，弹簧会将此能量释放出来，对轿厢（或对重）产生反弹，此反弹会反复进行，直至能量耗尽弹力消失，轿厢（或对重）才完全静止。

弹簧式缓冲器（图 7-30）一般由缓冲橡胶、上缓冲座、弹簧、弹簧座等组成，用地脚螺栓固定在底坑基座上。

为了适应大吨位轿厢，压缩弹簧由组合弹簧叠合而成。行程较大的弹簧缓冲器，为了增强弹簧的稳定性，在弹簧下部设有导管或在弹簧中设导向杆。

弹簧式缓冲器的特点是缓冲后有回弹现象，存在缓冲不平稳的缺点，所以弹簧式缓冲器仅适用于额定速度小于 1 m/s 的低速电梯。

图 7-30　弹簧式缓冲器

近年来，人们为了克服弹簧式缓冲器容易生锈腐蚀等缺陷，开发出了聚氨酯缓冲器（图7-31）。聚氨酯缓冲器是一种新型缓冲器，具有体积小、重量轻、软碰撞无噪声、防水防腐耐油、安装方便、易保养好维护、可减少底坑深度等优点，近年来在中低速电梯中得到应用。

图7-31 聚氨酯缓冲器

2）耗能型缓冲器

耗能型缓冲器又称为油（液）压缓冲器，常用的油压缓冲器的结构如图7-32所示。它的基本构件是缸体、柱塞、缓冲橡胶垫和复位弹簧等。缸体内注有缓冲器油。

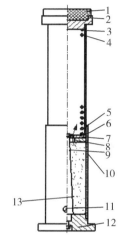

1. 缓冲橡胶垫；2. 压盖；3. 复位弹簧；4. 柱塞；5. 密封盖；6. 油缸套；7. 弹簧托座；
8. 环形节流孔；9. 变量棒；10. 缸体；11. 放油口；12. 油缸座；13. 缓冲器。

图7-32 常用的油压缓冲器

① 油压缓冲器结构。

当油压缓冲器受到轿厢（或对重）的冲击时，柱塞4向下运动，压缩缸体10内的油，油通过环形节流孔8喷向柱塞腔（沿图中箭头方向流动）。当油通过环形节流孔时，由于流动截面积突然减小，就会形成涡流，使液体内的质点相互撞击、摩擦，将动能转化为热量散发掉，从而消耗轿厢（或对重）的能量，使轿厢（或对重）逐渐缓慢地停下来。

因此，油压缓冲器是一种耗能型缓冲器，它是利用液体流动的阻尼作用，缓冲轿厢（或对重）的冲击。当轿厢（或对重）离开缓冲器时，柱塞4在复位弹簧3的作用下，向上复位，油重新流回油缸，恢复正常状态。

由于油压缓冲器是以消耗能量的方式进行缓冲的，所以无回弹作用。同时由于变量棒9的作用，柱塞在下压时，环形节流孔的截面积逐渐变小，能使电梯的缓冲接近匀减速运动。因而，油压缓冲器缓冲平稳，有良好的缓冲性能，在使用条件相同的情况下，油压缓冲器所需的行程可以比弹簧式缓冲器减少一半，所以油压缓冲器适用于快速和高速电梯。

② 油压缓冲器分类及工作原理。

常用的油压缓冲器有油孔柱式缓冲器、多孔式缓冲器、多槽式缓冲器等。

以上三种油压缓冲器的结构虽有所不同，但基本原理相同。当轿厢（或对重）撞击缓冲器时，柱塞向下运动，压缩油缸内的油，使油通过节流孔外溢并升温，在制停轿厢（或对重）的过程中，其动能转化为油的热能，使轿厢（或对重）以一定的减速度逐渐停下来。当轿厢（或对重）离开缓冲器时，柱塞在复位弹簧的作用下复位，恢复正常状态。油压缓冲器外形见图7-33所示，分为弹簧内置式和弹簧外置式。

(a) 弹簧内置式　　(b) 弹簧外置式

图7-33　油压缓冲器

（2）缓冲器的数量

缓冲器的数量要根据电梯额定速度和额定载重量确定。一般电梯会设置3个缓冲器，即轿厢下设置2个缓冲器，对重下设置1个缓冲器。

四、超载、过载保护装置

1. 轿厢超载保护装置

乘客从层门、轿门进入轿厢后，轿厢里的乘客人数（或货物）所达到的载重量如果超过电梯的额定载重量，就可能产生不安全的后果或超载失控，造成电梯超速降落的事故。

超载保护装置的作用是对电梯轿厢的载重量实行自动控制。一般在载重量达到电梯额定载重量的110%时，超载保护装置切断电梯控制电路，使电梯不能起动，实行强制性载重控制；对于集选控制电梯，当载重量达到电梯额定载重量的80%~90%时，接通直驶电路，运行中的电梯不应答厅外截停信号。

电梯超载保护装置有多种形式，如机械式（图7-34）、电磁式（图7-35）等。

图7-34　机械式超载保护装置

图7-35　电磁式超载保护装置

电磁式超载保护装置的原理是，电梯活动轿底依据载重量产生弹性变化，通过霍尔传感器检测位移变化，从而对电梯轿厢超载进行检测。

2. 曳引电动机的过载保护

电梯使用的电动机容量一般比较大，从几千瓦至十几千瓦。为了防止电动机过载后被烧毁而设置了热继电器过载保护装置（图 7-36）。电梯电路中常采用的 JRO 系列热继电器是一种双金属片热继电器。两只热继电器热元件分别接在曳引电动机快速和慢速的主电路中，当电动机过载超过一定时间，即电动机的电流大于额定电流时，热继电器中的双金属片经过一定时间后变形，从而断开串接在安全保护回路中的接点，保护电动机不因长期过载而烧毁。

现在也有将热敏电阻埋在电动机的绕组中，即过载发热引起阻值变化，经放大器放大使微型继电器吸合，断开其接在安全回路中的触头，从而切断控制回路，强制电梯停止运行。

图 7-36 热继电器过载保护装置

五、门安全保护装置

为了尽量减少在关门过程中发生人或物被撞击或夹住的事故，对门的运动提出了保护性的要求。首先，门扇朝向乘员的一面要光滑，不得有可能钩挂人员和衣服的大于 3 mm 的凹凸。其次，阻止关门的力不大于 150 N，以免对被夹持的人造成伤害。最后，设置一种保护装置，当乘客在门的关闭过程中被门撞击或可能会被撞击时，保护装置将停止关门动作使门重新自动开启。保护装置一般安装在轿门上，常见的有接触式保护装置、光电式保护装置和感应式保护装置。

1. 接触式保护装置

接触式保护装置一般为安全触板（图 7-37）。两块铝制的触板由控制杆连接悬挂在轿门开口边缘，平时由于自重凸出门扇边缘约 30 mm，在关门时若有人或物在门的行程中，安全触板将首先接触并被推入，使控制杆触动微动开关，将关门电路切断并接通开门电路，使门重新开启。

安全触板属于电梯轿门上的一个软门，当电梯轿厢在关门过程中接触到物体时，连接在轿门的一个开关会给控制柜一个开门信号，使电梯开门，从而达到不伤人或物的目的。该装置由触板、控制杆和微动开关组成。触板宽度为 35 mm，最大推动行程为 30 mm，一般装在轿门的边缘。当开关门机正在关门时，如果门的边缘碰触乘客或物件，装在安全挂板上的微动开关立即动作，切

图 7-37 安全触板

断关门电路，使门停止关闭，同时接通开门电路，门重新被打开。一般情况下，对于中分式门，安全触板双侧安装；对于旁开式门，安全触板单侧安装，且装在快门上。安全触板动作的碰撞力不大于 5 N。

2. 光电式保护装置

光电式保护装置有的是在轿门边上设两组水平的光电装置，为防止可见光的干扰一般用红外线。两道水平的红外线恰似在整个开门宽度上设了两排看不见的"栏杆"，有人或物在门的行程中遮断了任一根光线都会使门重新打开。

光幕是由单片计算机等构成的非接触式安全保护装置，安装在轿门两侧，如图 7-38 所示。用红外发光体发射一束红外光束，通过电梯门进出口的空间，到达红外线接收体后产生一个接收的电信号，表示电梯门中间没有障碍物，这样从上到下周而复始地进行扫描，在电梯门进入口形成一幅光幕。通常光幕由发射器、接收器、电源及电缆组成。

图 7-38　红外线光幕

3. 感应式保护装置

感应式保护装置是借助电磁感应的原理，在保护区域设置三组电磁场，当人或物进入保护区使电磁场发生变化时，就能通过控制机构使门重新打开。

运用超声波传感器在轿门门口产生一个 500 mm×800 mm 的检测范围，只要在此范围内有人通过，由于声波受到阻尼作用，就会发出信号使门打开。如果乘客站在检测区内超过 20 s，其功能自动解除。门关闭时切除其功能。

六、其他安全保护装置

1. 供电系统相序和断（缺）相保护

当供电系统因某种原因造成三相动力线的相序与原相序有所不同时，有可能使电梯原定的运行方向变为相反的方向，给电梯运行造成极大的危险。同时为了防止电动机在电源缺相的情况下不正常运转而导致电机烧毁，电梯电气线路中采用相序继电器（图 7-39），当线路错相或断相时，相序继电器切断控制电路，使电梯不能运行。

图 7-39　相序继电器

2. 电梯不安全运行防止系统

电梯不安全运行防止系统主要包括以下部件：

① 各种开关及接地保护（图7-40）：检测限速器钢丝绳断或松弛的限速器断绳开关、防止安全钳意外动作的安全钳误动作开关、防止意外开启轿顶安全窗和轿厢安全门的开关、电气设备的接地保护。

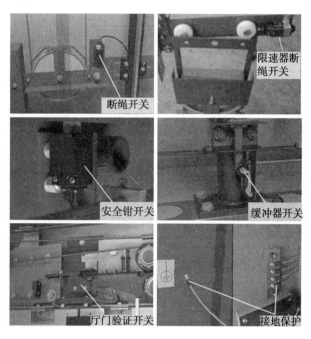

图 7-40　电梯各种开关及接地保护

② 各种急停按钮（图7-41）：底坑、轿顶、机房急停按钮等。

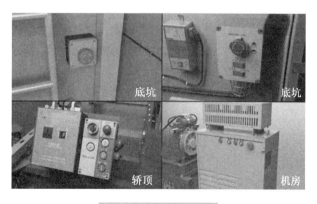

图 7-41　急停按钮

3. 报警和救援装置

当人员被困在电梯轿厢内时，通过报警或通信装置应能将情况及时通知管理人员并通过救援装置将人员安全救出轿厢。

（1）报警装置

电梯必须安装应急照明和报警装置（又称五方对讲装置，见图7-42），并由应急电源供电。低层站的电梯一般安设警铃，警铃安装在轿顶或井道内，操作警铃的按钮应设在轿厢内操纵箱的醒目处，并标有黄色的报警标志。警铃的声音要急促响亮，不会与其他声响混淆。

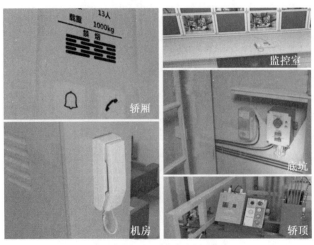

图 7-42　五方对讲装置

提升高度大于 30 m 的电梯，轿厢内与机房或值班室应有对讲装置（图7-43）。对讲装置也由操纵箱面板上的按钮控制。目前大部分对讲装置接在机房，而机房又大多无人看守，这样在发生紧急情况时，管理人员不能及时知晓，所以凡机房无人值守的电梯，对讲装置必须接到管理部门的值班处。

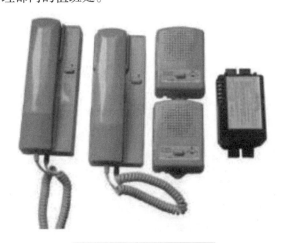

图 7-43　电梯对讲装置

除了警铃和对讲装置外，轿厢内也可设内部直线报警电话或与电话网连接的电话。此时轿厢内必须有清楚易懂的使用说明，告诉乘员如何使用。

轿厢内的应急照明必须有适当的亮度，在发生紧急情况时，能看清报警装置和有关的文字说明。

（2）救援装置

电梯困人的救援以往主要采用自救的方法，即轿厢内的操纵人员从上部安全窗爬上轿顶将层门打开。随着电梯的发展，无人员操纵的电梯广泛使用，再采用自救的方法不但十分危险，而且几乎不可能。因为作为公共交通工具的电梯，乘员十分复杂，电梯发生故障时乘员不可能从安全窗爬出，就算是爬上了轿顶也打不开层门，反而会发生其他事故，所以现在的电梯从设计上就决定了救援必须从外部进行。

救援装置包括曳引机的紧急手动操作装置和层门的人工开锁装置。在有层站不设门时，还可在轿顶设安全窗。当同井道相邻电梯轿厢间的水平距离不大于 0.75 m 时，也可设轿厢安全门。某些机房也会配备电梯停电救援装置（图7-44）。

图7-44　电梯停电救援装置

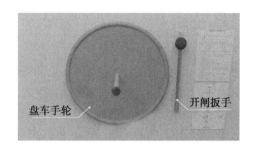

盘车手轮　　开闸扳手

图7-45　盘车手轮和开闸扳手

机房内的紧急手工操作装置应放在方便操作的地方，盘车手轮应漆成黄色，开闸扳手应漆成红色（图7-45）。为使救援人员操作时知道轿厢的位置，机房内必须有层站指示。最简单的方法就是在曳引绳上用油漆做上标记，同时将标记对应的层站写在机房操作地点的附近。

若轿顶设有安全窗，安全窗的尺寸应不小于 0.35 m×0.5 m、强度应不低于轿壁的强度。安全窗应向外开启，但开启后不得超过轿厢的边缘。安全窗应有锁，在轿厢内要用三角钥匙才能开启；在轿厢外，则不用钥匙也能打开，安全窗开启后不用钥匙也能将其半闭或锁住。安全窗上应设验证锁紧状态的电气安全触点，当安全窗打开或未锁紧时，触点断开切断安全电路，使电梯停止运行或不能起动。

井道安全门的位置应保证上、下层站地坎的距离不大于 11 m。要求门的高度不小于 1.8 m，宽度不小于 0.35 m，门的强度不低于轿壁的强度。门不得向井道内开启，门上应有锁和电气安全触点，其要求与安全窗一样。

现在有一些电梯安装了电动的停电（故障）应急装置，在停电或电梯发生故障时自动接入。在应急装置动作时以蓄电池为电源向电机送入低频交流电（一般为 5 Hz），并通过制动器释放。在判断负载力矩后按力矩小的方向避速，将轿厢移动至最近的层站，自动开门将人放出。应急装置在停电、中途停梯、冲顶、蹲底和限速器安全钳动作时均能自动接入，但若是门未关或门的安全电路发生故障，则不能自动接入移动轿厢。

4. 防护装置

电梯的很多运动部件在人靠近时可能会发生撞击、挤压等危险，在工作场地，由于地面的高低差也可能发生摔跤等事故，所以必须对人在操作维护过程中可以接近的旋转部件安装防护装置（图7-46），尤其是传动轴上突出的锁销和螺钉、钢带，链条传送带电动机的外伸轴甩球式限速器等必须有安全网罩或栅栏,以防无意中触及。曳引轮盘车手轮、飞轮等光滑圆形部件可不加防护,但应部分或全部涂成黄色以示提醒。

轿厢反绳轮防护罩　　　　　　对重反绳轮防护罩　　　　　　张紧轮防护罩

曳引轮、导向轮防护罩　　　　　　对重护栏　　　　　　　　护脚板

图 7-46　防护装置

轿顶和对重的反绳轮应装防护罩。防护罩要能防止人员的肢体或衣服被绞入,还要能防止异物落入和钢丝绳脱出。

底坑对重侧应设护栅。在底坑中对重运行的区域和装有多台电梯的井道中,不同电梯的运动部件之间均应设隔障。

轿顶应设护栏。当轿顶边缘与井道壁水平距离超过 0.3 m 时,应在轿顶设护栏,护栏的安设应不影响人员安全和方便地通过入口进入轿顶。

轿厢应设护脚板。轿厢不平层,当轿厢地面(地坎)的位置高于层站地面时,会使轿厢与层门地坎之间产生间隙,这个间隙会使乘客的脚踏入井道,有发生人身伤害的可能。为此,国家标准规定,每一轿厢地坎上均需装设护脚板。

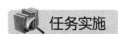 任务实施

一、课堂准备

课堂准备及布置如下。

场地准备	课堂布置
6 人用实训场地五块,对应数量的课桌椅,黑板一块,多媒体教学设备一套	小组成员坐在同一区域内,以便讨论

二、设备准备

对应小组数量的教学电梯安全保护装置,供学生上课时认识。

三、任务布置

按要求进行分组，完成以下任务。

1. 观察下列安全保护装置，并填写表 7-2。

表 7-2 安全保护装置

图　片	名　称	作　用

图　片	名　称	作　用
上绳头板 传感器　　安装螺栓 下绳头板　　绳头杆		

续表

图　片	名　称	作　用
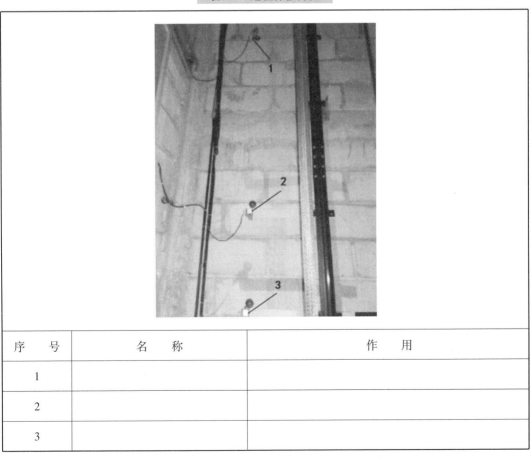		

2. 仔细观察超程保护开关的形状与结构，说出各开关的名称和作用，并填写表7-3。

表7-3　超程保护开关

序　号	名　称	作　用
1		
2		
3		

3. 仔细观察缓冲器的形状与结构，并填写表7-4。

表7-4 缓冲器

图　　片	名　　称	类型（耗能、蓄能）	适用梯速

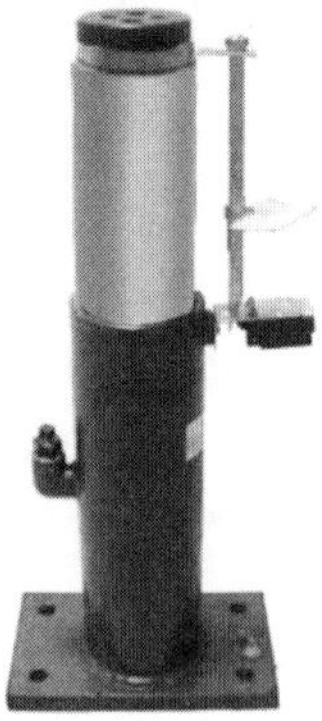			

考核评价

形式：现场测试
时间：10分钟
内容要求： 　　请老师随机说出5个电梯安全保护装置部件名称，学生在电梯上找出实物，并回答功能用途。
记录：

作业巩固

1. 当轿厢或对重超过下极限位置时，用来吸收轿厢或对重装置所产生动能的制停安全装置是（   ）。

A. 安全钳　　　　　　B. 限速器　　　　　　C. 端站减速装置　　D. 缓冲器

2. 电梯的安全保护装置由（   ）安全保护装置组成。

A. 轿厢　　　　　　B. 电气　　　　　　C. 机械　　　　　　D. 气动　　　　E. 导轨

3. 下列电梯安全保护装置中，对电梯的控制动作不仅仅只有电气动作的装置是（   ）。

A. 强迫减速开关　　B. 限位开关　　　　C. 安全钳　　　　　D. 极限开关

4. 当电梯超过额定载重量时发出警告信号，（   ）切断控制电路，使电梯不能起动。在额定载荷下，自动复位。

A. 停止装置　　　　　　　　　　B. 超载保护装置

C. 防夹安全保护装置　　　　　　D. 断带保护装置

5. 当电梯上采用带传动装置时，都应装设（   ），如果断带，该装置就动作，电梯控制电路断路，电梯急停。

A. 停止装置　　　　　　　　　　B. 超载保护装置

C. 防夹安全保护装置　　　　　　D. 断带保护装置

6. 当轿厢运行速度达到限定值时能发出电信号并产生机械动作的安全装置是（   ）。

A. 安全钳　　　　　　　　　　　B. 限速器

C. 限速器断绳开关　　　　　　　D. 选层器

7. 限速器轮的节圆直径与限速器钢丝绳的公称直径之比应大于（   ）。

A. 40　　　　　　B. 30　　　　　　C. 20　　　　　　D. 10

8. 限速器的最小动作速度为额定速度的（   ）。

A. 115%　　　　　B. 140%　　　　　C. 175%　　　　　D. 135%

9. 电梯对重蹲在缓冲器上称为电梯（   ）。

A. 蹲底　　　　　　B. 冲顶　　　　　　C. 越程　　　　　D. 超程

10. 蓄能型缓冲器只适用于额定速度（   ）的电梯。

A. 不大于 0.5 m/s　　　　　　　　B. 不大于 1 m/s

C. 不大于 1.75 m/s　　　　　　　　D. 任何速度

11. （   ）是当轿厢运行超过端站时，轿厢或对重装置未接触缓冲器之前，直接切断主电源和控制电源非自动复位安全装置。

A. 安全钳开关　　　　　　　　　　B. 断绳开关

C. 机械式极限开关　　　　　　　　D. 限位开关

12. 当电梯上行方向超速时，能起保护作用的是（   ）开关。

A. 限速器断绳　　　　　　　　　　B. 限速器和安全钳

C. 限速器　　　　　　　　　　　　D. 缓冲器

13. 蓄能型缓冲器仅用于额定速度小于或等于（　　）m/s 的电梯。

A. 0.5　　　　　　B. 0.63　　　　　　C. 1.0　　　　　　D. 1.5

14. 瞬时式安全钳用于速度不大于（　　）m/s 的电梯。

A. 0.63　　　　　B. 1.0　　　　　　C. 1.75　　　　　D. 2

15. 渐进式安全钳动作时的制停平均减速度应不小于 0.2 m/s²，不大于（　　）。

A. 0.5 m/s²　　　B. 1.0 m/s²　　　C. 1.2 m/s²　　　D. 2 m/s²

16. 若额定速度大于（　　），对重安全钳装置应是渐进式的。其他情况下，可以是瞬时式的。

A. 0.63 m/s　　　B. 1 m/s　　　　C. 1.5 m/s　　　D. 1.75 m/s

17. 速度为 1 m/s 的乘客电梯应设置（　　）安全钳。

A. 瞬时式　　　　B. 渐进式　　　　C. 多个瞬时式　　　D. 瞬时渐进式

18. 下面有关限速器绳的说法正确的是（　　）。

A. 限速器绳的公称直径不应小于 6 mm

B. 限速器绳轮的节圆直径与绳的公称直径之比不应小于 30

C. 限速器绳的安全系数不应小于 8

D. 限速器应由限速器绳驱动

19. 下面有关安全钳的说法正确的是（　　）。

A. 轿厢应装有能下行时动作的安全钳

B. 不得用电气、液压或气动操纵的装置来操纵安全钳

C. 禁止用安全钳的夹爪或钳体充当导靴

D. 安全钳开关应在安全钳动作以前或同时使电梯驱动主机停转

20. 限速器绳的张紧力是由（　　）产生的。

A. 张紧装置　　　　　　　　　　　B. 制动力

C. 限速器绳重力　　　　　　　　　D. 安全钳的摩擦力

21. 强迫换速开关是防止越程的第一道关，一般设在端站正常换速开关之后。当开关触动时，轿厢立即强制转为（　　）运行。

A. 低速　　　　　B. 高速　　　　　C. 检修　　　　　D. 紧急

22. 限位开关是防越程的第二道关，当轿厢在端站没有停层而触动限位开关时，立即切断（　　）使电梯停止运行。

A. 主电路　　　　B. 电源电路　　　C. 高速运行电路　　D. 方向控制电路

23. 弹簧式缓冲器仅适用于额定速度不大于（　　）的低速电梯。

A. 1 m/s　　　　B. 1.63 m/s　　　C. 2 m/s　　　　D. 1.5 m/s

24. 弹簧式缓冲器的总行程是重要的安全指标，国家标准规定总行程应至少等于相当于 115% 额定速度的重力制停距离的两倍，在任何情况下，此行程不得小于（　　）。

A. 60 mm　　　　B. 65 mm　　　　C. 70 mm　　　　D. 75 mm

25. （　　）有两种形式，一种是机械式的，它是通过钢丝绳及滚轮拉动开关，断开总电源；另一种是与减速、限位开关结构相同的开关，使电梯停止运行。

A. 端站减速保护　　　　　　　　　B. 端站限位保护

C. 端站极限开关保护　　　　　　　D. 越程安全保护

26. 光幕属于（　　　）。

A. 触式保护装置　　　　B. 光电式保护装置　　　　C. 感应式保护装置

27. 门扇朝向乘员的一面要光滑，不得有可能钩挂人员和衣服的大于（　　　）的凹凸。

A. 5 mm　　　　　　　B. 3 mm　　　　　　　C. 10 mm　　　　　　　D. 8 mm

28. 阻止电梯关门的力不大于（　　　）。

A. 150 N　　　　　　　B. 300 N　　　　　　　C. 100 N　　　　　　　D. 50 N

项目 8

电梯电力拖动系统结构

▶ 目标任务 ◀

知识目标：

1. 掌握电力拖动系统的拖动方式。
2. 掌握电力拖动系统的组成部件。

能力目标：

能够正确辨识电力拖动系统的组成部件。

 知识准备

一、电梯电力拖动系统组成

拖动系统是电气部分的核心，电梯的运行是由拖动系统完成的。轿厢的上下、起动、加速、匀速运行、减速、平层停车等动作，完全由曳引电动机拖动系统完成。电梯运行的速度、舒适感、平层精度由拖动系统决定。

电力拖动系统由曳引电动机、供电系统、速度反馈装置、电动机调速装置等设备组成。机房电力拖动系统如图 8-1 所示。

图 8-1　机房电力拖动系统

1. 供电系统

（1）电梯的电源箱

电梯应从指定的电源接电，使用专用的电源配电箱（图 8-2），配电箱应能上锁。配电箱内的开关、保险、电气设备的电缆等应与所带负荷相匹配。严禁使用其他材料代替熔体。

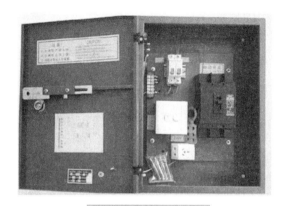

（2）动力电源

电梯的动力电源是指电梯曳引电动机及其控制系统所用的电源，一般都是交流三相电源。

图 8-2　电源配电箱

1）电压范围

交流三相电源线电压为 380 V，其电压应在额定电压值的 ±7% 的范围内波动。

2）接入方式

电源接入机房后通过各熔断器或总电源开关再分接到各台电梯的主电源开关上。对于主电源开关的要求如下：

① 安装在机房入口处，易识别，容量适当，高度符合要求。

② 具有稳定的断开和闭合位置，能切断电梯正常使用情况下的最大电流。

③ 在断开位置应能挂锁或用其他等效装置锁住，以防误操作。

④ 在断开位置不应切断照明、通风、插座及报警电路。

⑤ 动力电路和控制电路应分开敷设。

（3）照明电源

照明电源包括机房、轿顶、轿厢、滑轮间和井道照明电源。照明电源应与动力电源分开。机房照明可由配电室直接提供。轿厢照明电源可由相应主开关进线侧获得，并应设开关进行控制。轿顶照明可采用直接供电或安全电压供电。井道照明应设置永久性电气照明装置，在机房和底坑设置井道灯控制开关。在距井道最高和最低处 0.5 m 的位置各设一个灯，中间灯的设置间隔不超过 7 m。井道作业照明电路应使用 36 V 以下的安全电压。

2. 速度反馈装置

现在生产的电梯大多采用旋转编码器（图 8-3）来确定轿厢位置，获取电梯运行速度信息。在实际安装时，旋转编码器与电动机转子同轴安装。当电动机主轴旋转时，旋转编码码器随之旋转，主轴转动一圈，旋转编码器产生若干个脉冲，这样电动机的旋转速度就可以利用旋转编码器输出脉冲的速度来确定；也可以利用旋转编码器输出的脉冲数相应地计算出电梯曳引机上钢丝绳移动的距离，进而计算出电梯轿厢的位移。

3. 电动机调速装置

无齿轮电梯一般采用调速电机直接改变转速，有齿轮电梯则通过减速机来实现调速。

图 8-3　旋转编码器

二、电力拖动方式

常见的电梯拖动方式有交流双速电梯、ACVV 拖动电梯、VVVF 拖动电梯。

1. 交流双速电梯

采用交流异步双速电机变极调速拖动的电梯称为交流双速电梯。速度一般小于 1.0 m/s。我国 20 世纪 70 年代主要使用这种电梯。

调速原理：通过改变电梯牵引电动机的极对数而实现高速和低速运行。

特点：结构简单，使用和维护方便。尽管平滑调速不够理想，舒适感较差，但在调速要求不高的场合，仍能满足使用需求。

2. ACVV 拖动电梯

采用交流异步双绕组双速电机调压调速拖动的电梯称为 ACVV 拖动电梯。我国 20 世纪 80 年代主要使用这种电梯。

调速原理：通过改变三相异步电动机的定子供电电压，实现电动机的转速变化。

特点：由于采用了闭环控制，电机的转速跟踪速度变化，制动过程快而平稳，精度较高，其调速性能优于交流双速电梯。

3. VVVF 拖动电梯

采用交流异步单绕组单速电机调频调压调速拖动的电梯称为 VVVF 拖动电梯。我国 20 世纪 90 年代开始使用这种电梯。

调速原理：调节交流电机定子供电的幅值和频率。

特点：由于采用了微机控制技术、脉宽调制技术及矢量变换技术，转速的控制与直流电机极为相似。这种电梯体积小，质量轻，节省能源，运行效率高，几乎囊括了以往电梯的所有优点。

三、电力拖动工作过程

1. 轿厢的升降运动（主驱动）

轿厢的运动由曳引电动机产生动力，经曳引传动系统进行减速、改变运动形式，即将旋转运动变为直线运动来实现驱动（图8-4）。

图8-4 轿厢升降运动

轿厢升降运动常见的交流拖动方式包括：交流双速、ACVV、VVVF、永磁同步电动机。

2. 厅门和轿门的开关门运动（辅助驱动）

由开门电动机产生动力，经开门连杆机构进行减速、改变运动形式，达到开关门的目的（图8-5）。

图8-5 开关门运动

开关门运动常用的拖动方式包括：直流电动、VVVF交流异步电动机、伺服电动机。

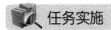 **任务实施**

一、课堂准备

课堂准备及布置如下。

场地准备	课堂布置
6人用实训场地五块，对应数量的课桌椅，黑板一块，多媒体教学设备一套	小组成员坐在同一区域内，以便讨论

二、设备准备

对应小组数量的电力拖动系统部件，供学生上课时认识。

三、任务布置

按要求进行分组，完成以下任务。

仔细观察电力拖动系统各部件，并填写表8-1。

表8-1 电力拖动系统设备

图　　片	名　　称	作　　用

考核评价

形式：现场测试
时间：10 分钟
内容要求： 　请老师随机指出 3 个电力拖动系统设备部件，学生观察后回答该部件的名称、作用、工作原理。
记录：

作业巩固

1. 为了保证调速时电动机转矩不变，在变化频率时，也要对（　　）做相应调节，这种方法叫作 VVVF 调速法。

A. 定子的电阻　　　　　　　　　　B. 定子的电流

C. 定子的电压　　　　　　　　　　D. 转速

2. 切断制动器电流，至少应该用（　　）个独立的电气装置来实现。

A. 1　　　　　　　B. 2　　　　　　　C. 3　　　　　　　D. 4

3. 电梯按拖动方式分类，不包括（　　）。

A. 交流电梯　　　　B. 直流电梯　　　　C. 液压电梯　　　　D. 简易升降机

4. （　　）是一种无须减速机，用驱动轮与马达直接连接的电梯。

A. 无齿轮电梯　　　B. VVVF 电梯　　　C. ACVV 电梯　　　D. 液压电梯

5. 电梯电力拖动工作过程中的主驱动是（　　）。

A. 轿厢升降运动　　　　　　　　　　B. 厅门开关运动

C. 轿门开关运动　　　　　　　　　　D. 对重升降运动

6. VVVF 拖动电梯是指（　　）。

A. 交流调频调压调速　　　　　　　　B. 交流变频调压调速

C. 直流调频变压调速　　　　　　　　D. 交流变频变压调速

项目 9

电梯电气控制系统结构

知识目标：

1. 掌握电气控制系统的部件组成。
2. 掌握控制柜的结构组成及功能作用。
3. 掌握轿顶检修箱的结构组成及功能作用。

能力目标：

1. 能够正确辨识控制柜的组成部件。
2. 能够正确辨识操纵箱、召唤盒、层楼指示器、检修开关盒、选层器。

 知识准备

一、电梯电气控制系统整体结构

电梯电气控制系统的功能是对电梯的运行过程实行操纵和控制，完成各种电气动作功能，保证电梯的安全运行。

电梯的电气控制主要是对各种指令信号、位置信号、速度信号和安全信号进行管理，对拖动装置和开门机构发出方向、起动、加速、减速、停车和开门、关门的信号，使电梯正常运行或处于保护状态，发出各种显示信号。

1. 电气控制系统组成

电梯电气控制系统由控制装置、操纵装置、平层装置、位置显示装置、检修装置等部分组成（图9-1）。其中控制装置根据电梯运行逻辑功能的要求来控制电梯的运行，设置在机

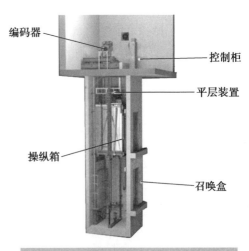

图 9-1 电梯电气控制系统组成及位置

房中的控制柜（图9-2）上。操纵装置（图9-3）是轿厢内的按钮箱和层门门口的召唤按钮箱，用来操纵电梯的运行。平层装置（图9-4）是发出平层控制信号，使电梯轿厢准确平层的控制装置。所谓平层，是指轿厢在接近某一楼层的停靠站时，使轿厢地坎与层门地坎达到同一平面的操作。位置显示装置（图9-5）是用来显示电梯轿厢所在楼层位置的轿内和层门指示灯，层门指示灯还用箭头显示电梯运行方向。

图 9-2　控制柜

图 9-3　操纵装置

图 9-4　平层装置

图 9-5　位置显示装置

2. 电气控制功能

电梯电气控制系统的主要控制功能包括：

（1）全集选功能

① 自动定向功能，按先入为主的原则，自动确定运行方向。

② 顺向截梯，反向记忆功能。

③ 最远反方向截梯功能。

④ 自动换向功能，当电梯完成全部顺向指令后，能自动换向，应答相反方向的呼梯信号。

⑤ 自动开关门功能。

⑥ 本层呼梯开门功能。

（2）锁梯功能

一般在基站的呼梯盒上设有锁梯开关，当使用者想关闭电梯时，不论该电梯在哪一层，电梯接到锁梯信号后，就自动返回基站，自动开关门一次，延时后切断显示、选层及召唤功能，最后切断电源。

（3）司机功能

在轿厢操纵箱内设有司机操作运行与自动运行的转换开关，当电梯司机将该开关转换到司机位置时，电梯转为司机操作运行状态。在司机操作运行状态时，电梯自动开门，按关门按钮关门。门没有关到位时不能松开，否则门会自动开启。电梯接到外呼信号时，蜂鸣器响，内选指示灯闪烁以提示司机有呼梯请求。

（4）直驶功能

在司机操作运行状态下，按住操纵盘上的直驶按钮和关门按钮，当门关好后电梯开始运行。此时运行的电梯不会应答外呼指令而是执行内选指令直接到内选楼层停车，即在司机操作运行状态下电梯直驶到所选层楼，在此运行期间外呼不截车。另外，电梯满载后（超过 80%的额定载重量），电梯不响应外呼指令，直达指定的目标楼层。

（5）检修功能

检修运行应取消轿厢自动运行和门的自动操作。多个检修运行装置中应保证轿顶优先，检修运行只能在电梯有效行程范围内，且各安全装置起作用。检修运行是点动运行，检修运行速度不大于 0.63 m/s。验证轿顶优先功能的办法：轿顶的检修开关拨到检修位置时，轿厢和机房的检修开关盒内的各按钮不起作用；只有将轿顶的检修开关拨到正常位置时，轿厢和机房的检修开关盒内的各按钮才起作用。

（6）消防功能

一栋大楼无论有多少台电梯，必须至少要有一台电梯为消防梯。具有消防运行功能的电梯在基站装有消防开关，平时消防开关用有机玻璃封闭，不能随意拨动开关。在火灾时可打碎面板，按下消防开关，将电梯转入消防运行状态。消防运行包括两种状态：消防返回基站和消防员专用。

1）消防返回基站功能

① 接到火警信号后，消除且不再应答内选、外呼指令。

② 正在上行的电梯立即就近平层停车。对于梯速大于或等于 1 m/s 的电梯，应先强行减速后停车，且必须做到电梯停车不开门。

③ 正在下行的电梯直接返回基站。

④ 对于其他非消防电梯，在发生火灾时，也应立即返回基站，开门放客，然后停住不动。

⑤ 已在基站的电梯，开门放客，停住不动。

2）消防员专用功能

消防电梯返回基站后，消防人员应使用专用钥匙和开关使电梯处于消防员专用的紧急状态。在此状态下，控制系统应能做到：

① 只应答内选指令，不应答外呼信号。

② 轿内指令信号的登记只能逐次进行，运行一次后全部消除，再次运行必须重新登记。

③ 门的保护系统（光电保护、安全触板、本层开门等功能）全部不起作用。关门时必须持续按下关门按钮，直至电梯门全部关闭为止。

④ 到达目的层站后，电梯也不自动开门，消防人员必须持续按下开门按钮，电梯才能开门。

⑤ 在消防运行状态下，除门保护装置外，各类保护装置仍起作用。火警解除后，所有电梯应能很快转入正常运行状态。

（7）层楼校正功能

在井道两端最内侧的上下强迫换速开关为上下校正开关，即由于电梯门区开关损坏或检修运行导致层楼不能变化、乱层时，电梯运行到两端会碰到该开关，系统即刻发出指令，将计算机事先存好的数据送入楼层的存储器，达到校正楼层的目的。该功能使电梯不会上下冲层，保证运行安全。

（8）安全触板和光电双重保护功能

安全触板和光电保护两种方式都可以实现防门夹人的功能。当轿厢关门时，触板和光电装置检测到电梯门口有人或物体时，轿厢门反向开启。电梯在关门行程达 1/3 后，阻止关门的力应不大于 150 N，安全触板的碰撞力不大于 5 N，接触后门反向运行，但是其保护作用可在每个主动门扇最后 50 mm 的行程中被消除。

（9）自检平层功能

自检平层功能确保电梯在正常运行状态下不会在门区外停车，确保电梯自动找到门区并且停车。

（10）超载报警功能

当轿厢载重达到 110% 的额定载重量时，电梯蜂鸣器响，超载灯亮，并且不关门，不走梯，提醒部分乘客走出电梯，直到卸载到额定载重量以内，电梯才恢复正常工作状态。

（11）轿厢应急照明功能

当轿厢照明由于停电等原因失电时，应急照明给轿厢提供照明。它可自动充电，电梯照明电源故障时自动亮起。

（12）对讲功能

在轿内、机房、轿顶、地坑和有人值班处都设置对讲装置，在电梯发生故障或维修时用于通话。

（13）故障显示功能

为了便于电梯维保人员检修电梯，设置了电梯故障显示功能。

（14）防捣乱功能

防捣乱功能即轻载功能，当轿厢里面的乘客重量低于额定载重的 10%，但是指令按钮又超过 3 个（可以修改）时，系统认为有人在捣乱，将自动取消所有登记。

（15）防粘连保护功能

防粘连保护功能必须确保电梯每运行一次其输出接触器、抱闸接触器、门锁接触器等复位一次，一旦收到接触器动作信号，电梯将无法进入下一次运行。

（16）司机换向功能

在有司机状态下，如遇到紧急需要，电梯不能按当前方向运行，电梯司机只要按一下操纵盘上想要去的楼层指令按钮和上下方向按钮即可向相反的方向运行。

（17）呼梯蜂鸣功能

当电梯在非司机运行状态时，按内选、外呼按钮，蜂鸣器响1声提示；当电梯在有司机运行状态时，按外呼按钮，蜂鸣器响3声后停止。

（18）呼梯防捣乱功能

按住呼梯按钮3 s后，自动取消，此功能为防止有人一直按住呼梯按钮干扰电梯正常运行而设计。

（19）本次呼梯显示方向功能

当呼梯楼层与电梯所在楼层一致时，数码显示板会显示上呼或者下呼，以方便提醒电梯内部人员，显示方向持续几秒后，方向显示消失。

（20）并联与群控功能

将两台或多台电梯集中排列，共用层门外呼梯按钮，按规定程序集中调度和控制电梯。

二、电梯电气控制系统部件

1. 电气控制柜

电气控制柜（屏）是电梯实现控制功能的主要装置，电梯电气控制系统中的绝大部分部件，如继电器、接触器、控制器、电源变压器、变频器等均集中安装在电气控制柜（屏）中，主要作用是完成对电力拖动系统的控制，从而实现对电梯功能的控制。

电气控制柜通常安装在电梯的机房里，控制柜的数量由电梯型号而定。一台电梯有的用一个电气控制柜，有的用两个或三个电气控制柜。电气控制柜组成如图9-6所示。

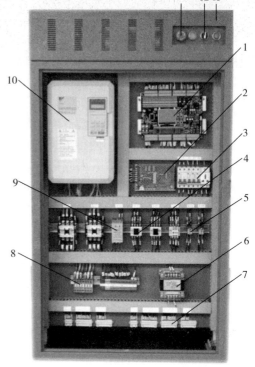

1. 微机板；2. 开关电源；3. 断路器；4. 接触器；5. 继电器；6. 变压器；7. 信号接线端子；8. 动力接线端子；9. 相序继电器；10. 变频器；11. 急停按钮；12. 紧急电动运行开关；13. 柜体。

图9-6　电气控制柜

2. 操纵箱

操纵箱位于轿厢内，是司机或乘客控制电梯上下运行和开关门的操作面板。操纵箱装置的电器元件与电梯的控制方式、停站层数有关。操纵箱上的按钮（图9-7）主要包括开门按钮、关门按钮、上升下降按钮、楼层按钮及其他按钮。

开门按钮　　　　上升按钮　　　　楼层按钮

图9-7　操纵箱按钮

3. 层楼指示器

电梯层楼指示器（图9-8）用于指示电梯轿厢目前所在的位置及运行方向。

图9-8 层楼指示器

① 信号灯。一般用在继电器控制系统中，在层楼指示器上装有和电梯运行层楼相对应的信号灯，每个信号灯外都采用数字表示。当电梯轿厢运行到某层时，该层的层楼指示灯就亮，指示轿厢当前的位置；当电梯轿厢离开该层时，相应的指示灯就灭。上下行方向指示灯通常用"▲"（表示上行）和"▼"（表示下行）来指示。

② 数码管。一般用在由微机或PLC控制的电梯上，层楼指示器上有译码器和驱动电路，显示轿厢到达层楼的位置。有的电梯还配有语音提示（语音报站、到站钟）。

③ 无层灯的层楼指示器。有的电梯（如群控电梯）除基站厅门外装有数码管的层楼指示器外，其他各层楼厅只装有上、下方向指示灯和到站钟。

4. 层站召唤盒

呼梯按钮盒设置在厅门外侧，是给厅外乘客提供召唤电梯的装置。层站召唤盒装设在各层站电梯层门口旁，是供各层站电梯乘用人员召唤电梯、查看电梯运行方向和轿厢所在位置的装置。

各层站召唤盒上装设的器件因控制方式和层站的不同而有所不同。其中，控制方式为轿内外按钮控制的电梯召唤盒均设一个召唤按钮，基站召唤盒增设一个钥匙开关。其他控制方式的电梯召唤盒则基本相同，都是中间层站均装设有上、下两个按钮，两端站均装设一个按钮，各按钮内均装有指示灯，或发红光、蓝光的发光管，基站召唤盒增设一个钥匙开关。基站召唤盒上增设的钥匙开关是供电梯司机上班开门开放电梯、下班关门关闭电梯用的。召唤盒上装设的电梯运行方向和所在位置显示器件与操纵箱相同，常见的层站召唤盒如图9-9所示。

图9-9 层站召唤盒

5. 轿顶检修箱

轿顶检修箱位于轿顶，一般安装在桥厢上梁货门机左右侧，方便在轿顶操作。轿顶检修箱是为维保人员设置的电梯电气控制装置，以便维保人员点动控制电梯上、下运行，安全可靠地进行电梯维护修理作业。检修箱上装设的电器元件包括急停（红色）按钮、正常和检修运行转换开关、慢上或慢下按钮、电源插座、照明灯及控制开关。有的检修箱上也装有开门和关门按钮、到站钟等。有的制造厂家将上述器件与轿顶接线箱合并为一体，有的独立设置。独立设置的轿顶检修箱如图9-10所示。

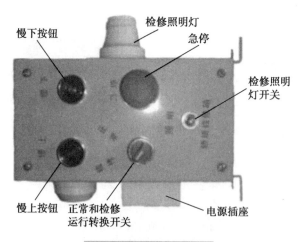

图 9-10　轿顶检修箱

6. 选层器

选层器（图 9-11）是根据（电梯轿厢内外的）选层信号及轿厢当前所在位置确定电梯运行方向的电气设备。当电梯将要到达所需停站的楼层时，发出换速信号使其减速。当平层停车后，消去已应答的呼梯信号，并指示轿厢位置。

7. 换速平层装置

换速平层装置（图 9-12）是电梯在到达预定的停靠层站时，提前一定距离把快速运动切换到平层前慢速运行、平层时自动停靠的控制装置。

图 9-11　选层器

换速平层装置主要用永磁式干簧管传感器作为开关器件，由固定在轿厢架上的换速隔磁板和上、下平层传感器，以及固定在轿厢导轨上的换速感应器和平层隔磁板构成。

图 9-12　换速平层装置

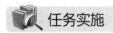 任务实施

一、课堂准备

课堂准备及布置如下。

场地准备	课堂布置
6 人用实训场地五块，对应数量的课桌椅，黑板一块，多媒体教学设备一套	小组成员坐在同一区域内，以便讨论

二、设备准备

对应小组数量的教学电气控制系统部件，供学生上课时认识。

三、任务布置

按要求进行分组，完成以下任务。

1. 仔细观察电气控制系统各部件，并填写表 9-1。

表 9-1 电气控制系统部件

图 片	名 称	所属系统	作 用

图　片	名　称	所属系统	作　用

2. 仔细观察电梯控制柜结构，并填写表 9-2。

表 9-2 电梯控制柜结构

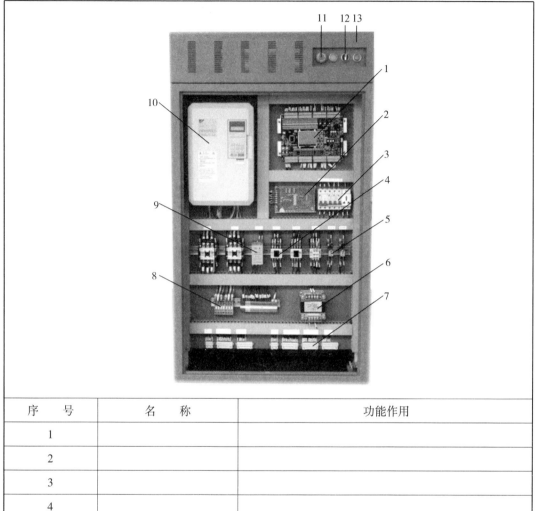

序 号	名 称	功能作用
1		
2		
3		
4		
5		
6		
7		
8		
9		
10		
11		
12		
13		

考核评价

形式：现场测试
时间：20分钟
内容要求： 1. 请老师随机指出 3 个电梯电气控制系统部件，学生观察后回答该部件的名称、作用、工作原理。 2. 请老师说出电梯控制柜部件名称，学生找出该部件并说出其功能作用。
记录：

作业巩固

1. 电梯的电气控制系统由 _____ 、_____ 、_____ 、_____ 和 _____ 等部分组成。

2. 操纵箱上主要包括 _____ 按钮、_____ 按钮、_____ 按钮、_____ 按钮等。

3. 换速平层装置主要有（　　）和上、下平层传感器。

A. 换速隔磁板　　　　B. 护脚板　　　　C. 显示板　　　　D. 轿顶板

4. 层楼指示器不包括（　　）。

A. 信号灯　　　　　　　　　　B. 数码管

C. 无层灯的层楼指示器　　　　D. 楼层按钮

5. 电梯电气控制柜不包括（　　）。

A. 继电器　　　　　　　　　　B. 接触器

C. 平层感应器　　　　　　　　D. 电源变压器

E. 变频器

6. 轿顶检修盒上的（　　）是电梯安全电路的一个控制信号。

A. 检修开关　　　　　　　　　B. 点动运行按钮

C. 急停按钮　　　　　　　　　D. 照明灯

7. 电梯专用对讲机系统将在电梯应急或检修时使用，可以实现（　　）对话。

A. 二方　　　　B. 三方　　　　C. 四方　　　　D. 五方

8. 下列电梯操纵箱上的器件不是供乘用人员正常操作的是（　　）。

A. 警铃按钮　　　　　　　　　B. 开、关门按钮

C. 楼层按钮　　　　　　　　　D. 对讲按钮

9. 基站的层站召唤箱上增设了（　　）。

A. 上行按钮　　　　B. 下行按钮　　　　C. 钥匙开关　　　　D. 消防开关

10. 当电梯的厅门与轿门没有关闭时，电梯的电气控制部分不应接通，电梯电动机不能运转，实现此功能的装置称（   ）。

A. 供电系统断相、错相保护装置

B. 超越上下极限工作位置的保护装置

C. 层门锁与轿门电气联锁装置

D. 慢速移动轿厢装置

11. 集选控制电梯与信号控制电梯的主要区别在于是否实现了（   ）。

A. 机械控制   B. 电气控制   C. 无司机操作   D. 信号控制

下篇　自动扶梯结构认知

项目 10

自动扶梯整体结构

▶目标任务◀

知识目标：

1. 掌握自动扶梯的定义。

2. 掌握自动扶梯的结构组成。

3. 理解自动扶梯的性能参数。

能力目标：

1. 能够正确辨识自动扶梯的结构。

2. 能够正确说出自动扶梯的性能参数。

知识准备

一、自动扶梯与自动人行道的定义和差别

1. 自动扶梯与自动人行道的定义

自动扶梯是带有循环运行梯级，用于向上或向下倾斜输送乘客的固定电力驱动设备。

自动人行道是带有循环运行走道，用于水平或倾斜角不大于 12°、连续输送乘客的固定电力驱动设备。

自动扶梯和自动人行道主要用于人流量密集的公共场所，如商场、超市、车站、机场、码头、展览馆和体育馆等。自动扶梯和自动人行道属于机电类特种设备，可以把自动人行道看成自动扶梯的分支，它们的机械结构、电气拖动控制、安全装置等具有相似之处，不同的是在乘客搭乘的区域有倾斜部分的情况下，自动人行道不会出现梯状的梯级，乘客可以将行李推车及购物车推上自动人行道。

2. 自动扶梯与自动人行道的差别

自动扶梯和自动人行道（图 10-1）具有相似的功能，输送能力大，能在短时间内连续输送大量人员；能向上和向下单方向运行，自然地规划人流行进方向；结构紧凑，占用空间小，外貌美观，有装饰建筑物的作用。它们的区别主要有以下几个方面：

① 承载部件：自动扶梯的承载部件是台阶状的梯级，自动人行道的承载部件是水平踏板，无台阶。

② 输送方向：自动扶梯的输送方向是垂直方向，而自动人行道的输送方向基本上是水平的，垂直方向上的位移比较小。

③ 倾斜角：自动扶梯的标准倾斜角有 27.3°、30°或 35°三种，其中倾斜角为 30°或 35°的最为常用。自动人行道的倾斜角为 0°~12°。

④ 桁架结构：水平状态的桁架较简单，所以自动扶梯的桁架结构比自动人行道复杂。

⑤ 驱动功率：在同样的长度下，自动扶梯的驱动功率比自动人行道的要大得多。自动扶梯的驱动力主要克服重力，只有一小部分克服阻力；自动人行道的驱动力基本上都是克服阻力。

⑥ 安全性：自动扶梯的安全性低于自动人行道。

自动扶梯　　　　　　　　　　　　　　自动人行道

图 10-1　自动扶梯与自动人行道

二、自动扶梯的主要参数

自动扶梯的主要参数包括提升高度、名义宽度、额定速度、倾斜角、最大输送能力等。

（1）提升高度

自动扶梯进出口两楼层板之间的垂直距离称为自动扶梯的提升高度。

（2）名义宽度

自动扶梯的名义宽度是指梯级宽度的公称尺寸，规定不应小于 580 mm，且不超过 1 100 mm，通常为 600 mm、800 mm 和 1 000 mm 三种规格。

（3）倾斜角

梯级运行方向与水平面构成的最大角度即为自动扶梯的倾斜角。自动扶梯的标准倾斜角有 27.3°、30°或 35°三种，其中倾斜角为 30°或 35°的最为常用。35°的倾斜角只用于提升高度不大于 6 m 且运行速度不大于 0.5 m/s 的场合。倾斜角决定了自动扶梯两梯级之间的高度差（30°—200 mm/35°—230 mm）。

（4）额定速度

自动扶梯在额定载荷下的运行速度即为额定速度。常用的额定速度有 0.5 m/s、0.65 m/s、0.75 m/s 三种，最常用的是 0.5 m/s。

① 自动扶梯的倾斜角 $\alpha \leqslant 30°$ 时，$v \leqslant 0.75$ m/s。

② 自动扶梯的倾斜角 $\alpha \in (30°, 35°]$ 时，$v \leqslant 0.5$ m/s。

（5）最大输送能力

在正常运行条件下，自动扶梯或自动人行道每小时能够输送的最多人员流量称为它的最大输送能力。自动扶梯每小时最大输送的人数见表 10-1。

表 10-1 自动扶梯每小时输送的最大人数

每小时输送的最大人数 / (人/时)		额定速度 v / (m/s)		
		0.50	0.65	0.75
梯级宽度 z_1/m	0.6	3 600	4 400	4 900
	0.8	4 800	5 900	6 600
	1.0	6 000	7 300	8 200

三、自动扶梯的结构组成和空间分布

1. 自动扶梯的结构组成

自动扶梯是由一台有特殊结构的链式输送机（踏板）和两台有特殊结构的胶带输送机（扶手带）组合而成，带有循环运动梯路，用以在建筑物的不同层高间向上或向下倾斜输送乘客的固定电力驱动设备，是运载人员上下的一种连续输送机械。自动扶梯的构造可分为七大部分：驱动装置、控制系统、运载系统、扶手系统、桁架、安全保护系统、润滑系统，具体见图 10-2。

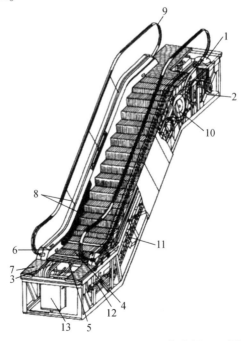

1. 驱动装置；2. 桁架；3. 梯路导轨；4. 梯级；5. 梳齿板；6. 围裙板；7. 端站盖板；
8. 内外盖板；9. 扶手带；10. 扶手带驱动装置；11. 牵引链条张紧装置；13. 检修柜。

图 10-2 自动扶梯的总体结构

2. 自动扶梯的空间分布

常见的自动扶梯在空间上可分为三大部分：

① 上端站，包括驱动装置、控制系统、上端站盖板等。

② 运行段，包括桁架、运载系统、扶手系统、安全保护装置等。

③ 下端站，包括检修装置、下端站盖板等。

四、自动扶梯的工作原理和驱动过程

1. 自动扶梯的工作原理

自动扶梯通过主驱动链，将主机旋转提供的动力传递给驱动主轴，由驱动主轴带动梯级链轮以及扶手链轮，进而带动梯级以及扶手沿规定线路的封闭轨迹运行，实现将站在梯级上的乘客从某一高度位置运送到另一高度位置的目的。

自动扶梯的运行由梯级和扶手带两组运动组成。梯级运动是自动扶梯的主运动，承载乘客并运送至目的层。扶手带运动是副运动，供乘客扶手用，起到保持平衡的作用。自动扶梯传动原理如图 10-3 所示。

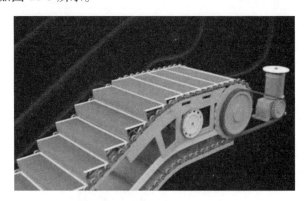

图 10-3　自动扶梯传动原理

2. 自动扶梯的驱动过程

自动扶梯的具体驱动过程如下：

① 主机运行，带动驱动主轴旋转。主机与驱动主轴之间的传动有两种：一种是通过传动链传动；另一种是通过 V 形带传动。

② 在驱动主轴上装有左、右两个梯级驱动链轮和一个扶手带驱动链轮，梯级和扶手都由同一个驱动主轴拖动，使两个传动带的线速度保持一致。左、右两个梯级驱动链轮分别带动左、右两条梯级链，左、右两条梯级链的长度一致，一个个梯级就安装在梯级链上。

③ 驱动主轴上的扶手带驱动链轮带动扶手带摩擦轮，通过摩擦轮与扶手带的摩擦，使扶手带以与梯级同步的速度运行。

梯级沿着梯级导轨运行，扶手带沿着扶手导轨运行，各自形成自己的闭环。具体路线分别为：

梯级：电动机—减速器—驱动链轮—驱动链—双排链轮—主传动轴—梯级链轮—梯级链—梯级运转。

扶手带：电动机—减速器—驱动链轮—驱动链—双排链轮—主传动轴—小链轮—扶手传动链—扶手链轮—扶手传动轴—扶手带摩擦驱动轮—扶手带运转。

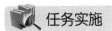 **任务实施**

一、课堂准备

课堂准备及布置如下。

场地准备	课堂布置
6 人用实训场地五块，对应数量的课桌椅，黑板一块，多媒体教学设备一套	小组成员坐在同一区域内，以便讨论

二、设备准备

对应小组数量的教学电梯、自动扶梯、自动人行道，供学生上课时认识。

三、任务布置

按要求进行分组，完成以下任务。

仔细观察教学电梯、自动扶梯和自动人行道，思考并填写表 10-2。

表 10-2 电梯、自动扶梯与自动人行道

图　片	名　称	定　义	用途与特点

考核评价

形式：现场测试
时间：10 分钟
内容要求： 请老师随机指出 2 台教学用自动扶梯，学生根据铭牌，解读设备参数的含义。
记录：

作业巩固

1. 自动扶梯的构造可分为七大部分：_____、_____、_____、_____、_____、_____、_____。

2. 自动扶梯的主要参数包括_____、_____、_____、_____、_____等。

3. 自动扶梯在空间上可分为三大部分，即_____、_____、_____。

4. 自动扶梯的运行由_____和_____两组运动组成。

5. 梯级运动是自动扶梯的_____运动，扶手带运动是_____运动。

6. 自动扶梯的标准倾斜角不包括（　　）。
A. 25°　　　　　　　　B. 27.3°　　　　　　　　C. 30°　　　　　　　　D. 35°

7. 自动扶梯常用的额定速度不包括（　　）。
A. 0.5 m/s　　　　　　B. 0.65 m/s　　　　　　C. 0.75 m/s　　　　　　D. 1 m/s

8. （　　）不属于自动扶梯运行段。
A. 桁架　　　　　　　　B. 运载系统　　　　　　C. 扶手系统　　　　　　D. 驱动装置

项目 11

自动扶梯驱动系统结构

目标任务

知识目标：

1. 掌握驱动装置的组成、分类、功能作用。

2. 掌握驱动主机的结构。

能力目标：

能够正确辨识驱动装置部件并讲述其功能作用。

知识准备

一、自动扶梯驱动系统整体结构

1. 驱动装置的组成

自动扶梯的驱动装置是自动扶梯的核心部分和重要部件，是自动扶梯的动力源，相当于电梯的曳引机。其主要功用是驱动自动扶梯运行并限制超速运行和阻止逆转运行。如图 11-1 所示，驱动装置一般由驱动主机、驱动主轴、传动链条、扶手带驱动链轮、梯级链轮、梯级链、扶手带驱动链等组成。驱动装置将动力传递给梯路及扶手系统，通过主驱动链，将主机旋转提供的动力传递给驱动主轴，由驱动主轴带动梯级链轮和扶手链轮，从而带动梯级以及扶手运行。

2. 驱动装置的分类

按照驱动装置在自动扶梯所处的位置，可分为分离机房驱动装置、端部驱动装置和中间驱动装置三种。

端部驱动装置多以牵引链条为牵引件，称链条式扶梯。这种驱动装置安装在自动扶梯金属结构的上端部（称作机房）。对于一些提升高度大或者有特殊要求的自动扶梯，驱动装置安装在自动扶梯金属结构之外的建筑物上，称其为分离机房驱动装置。驱动装置安装在自动扶梯中部的称作中间驱动装置，该驱动装置不需要设置机房，以牵引齿条为牵引件，又称为齿条式自动扶梯。

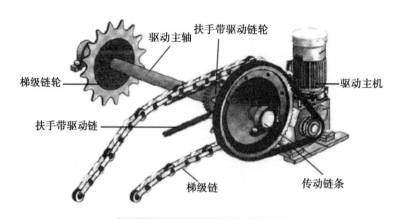

图 11-1　自动扶梯驱动装置

二、自动扶梯驱动主机

驱动主机由电动机、减速器、制动器等组成，如图 11-2 所示。

图 11-2　驱动主机

1. 电动机

驱动主机直接安装在自动扶梯的桁架上，是整个自动扶梯的原动力。驱动主机的电动机一般采用三相交流异步电动机，噪声低，有较大的起动转矩，具有热保护、速度传感器、超速检测装置等安全保护装置。根据提升高度的不同，电动机的功率分为 3.7 kW、5.5 kW、7.5 kW、11 kW 等几种规格。电动机的安装形式主要有立式和卧式两大类。立式电动机体积小，所以自动扶梯驱动电机多采用立式。

GB 16899—2011 规定，一台驱动主机不应驱动一台以上的自动扶梯或自动人行道。在额定频率和额定电压下，梯级、踏板或胶带沿运行方向空载时所测得的速度与名义速度之间的最大允许偏差为±5%。

2. 减速器

减速器包括齿轮减速器、蜗轮蜗杆减速器、蜗杆-齿轮减速器和行星齿轮减速器。由于机修工作位置和空间的限制以及安全要求，目前自动扶梯的减速器有行星齿轮减速器和蜗杆变速减速器等类型。这些类型的减速器具有结构紧凑、减速比大、运行平稳、噪声小、体积小等特点。

3. 制动器

制动器是自动扶梯减速、停止、超速、逆转、故障、停电等情况下防止意外事故发生的制动装置，是自动扶梯的重要安全部件之一，安装在驱动主机的高速轴上。制动器依靠摩擦使自动扶梯制动减速直至停车，并保持其静止。自动扶梯驱动装置的制动器包括工作制动器、附加制动器和辅助制动器。

（1）工作制动器

工作制动器是自动扶梯必须配置的制动器，一般装在电动机的高速轴上。它应能使自动扶梯或自动人行道在停止运行过程中，以匀减速度停止运转，并能保持停止状态。工作制动器在动作过程中应无故意的延迟现象。工作制动器应采用常闭式的机电一体式制动器，至少应由两套独立的电气装置来实现控制，制动力必须由有导向的压缩弹簧等装置来产生。自动扶梯的工作制动器通常使用块式（闸瓦式）制动器、带式制动器、盘式制动器。

GB 16899—2011 规定，自动扶梯和自动人行道应设置一个制动系统。该制动系统使自动扶梯和自动人行道有一个接近匀减速的制停过程直到停机，并使其保持停止状态。

制动系统在动力电源失电或控制电路失电的情况下应能自动工作。工作制动器应使用机-电式制动器或其他制动器。机电式制动器应持续通电，保持正常释放，制动器电路断开后，制动器应立即制动。如果不采用机电式工作制动器，则应提供符合规定的附加制动器。

（2）附加制动器

附加制动器又称为紧急制动器，结构如图 11-3 所示。对于以驱动链驱动驱动主轴的自动扶梯，一旦传动链条突然断裂，两者之间即失去联系。此时，如果在驱动主轴上装设一个或多个制动器，直接作用于梯级驱动系统的非摩擦元件上使其整个停止运行，则可以防止意外发生。

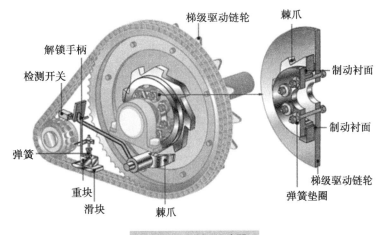

图 11-3 附加制动器

国家标准规定，在下列任何一种情况下，自动扶梯或倾斜式自动人行道应设置一个或多个附加制动器。

① 工作制动器与梯级、踏板或胶带驱动装置之间不是用轴、齿轮、多排链条或多根单排链条连接的；

② 工作制动器不符合机电式制动器；

③ 提升高度大于 6 m。

附加制动器与梯级、踏板或胶带驱动装置之间应用轴、齿轮、多排链条或多根单排链条连接，不允许采用摩擦传动元件连接。

（3）辅助制动器

辅助制动器与工作制动器起相同的作用，在停梯时起保险作用，尤其在满载下行时起辅助工作制动器的作用。辅助制动器动作后需要人工操作才能复位。

工作制动器是自动扶梯必备的制动器，附加制动器需要按照电动扶梯标准的要求配备，而辅助制动器要根据用户的要求配置。

三、驱动主轴及传动机构

驱动主轴是链条式自动扶梯端部驱动装置的枢纽，其轴上装有一对梯级驱动链轮、驱动主机链轮和扶手带驱动链轮。在梯级驱动链轮上装有附加制动器。为提高输出转矩，驱动主轴必须为实心轴。

自动扶梯的传动环节有非摩擦传动和摩擦传动。链传动和齿轮传动属于非摩擦传动，链传动有双排链传动和多排链传动。应用三角皮带的传动属于摩擦传动。

自动扶梯开始运行时，主机通过主驱动链条带动驱动主轴上的驱动链轮、梯级链轮、梯级链，使安装在梯级链条上的梯级运行，轴上的扶手带驱动链也以相同的驱动方式驱动扶手带驱动轮，使扶手带同步运行。

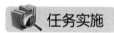 **任务实施**

一、课堂准备

课堂准备及布置如下。

场地准备	课堂布置
6人用实训场地五块，对应数量的课桌椅，黑板一块，多媒体教学设备一套	小组成员坐在同一区域内，以便讨论

二、设备准备

对应小组数量的教学扶梯，供学生上课时认识。

三、任务布置

按要求进行分组，完成以下任务。

仔细观察下图并填写表 11-1。

表 11-1　自动扶梯驱动系统

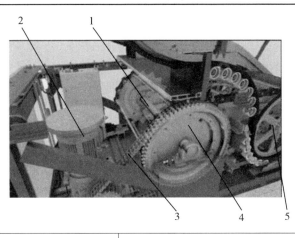

序　号	名　　称	作　　用
1		
2		
3		
4		
5		

考核评价

形式：现场测试
时间：10 分钟
内容要求： 　请老师随机指出 4 个自动扶梯驱动系统部件名称，学生在自动扶梯上找出实物，并回答其作用。
记录：

作业巩固

1. 驱动装置的作用是将动力传递给＿＿＿＿及＿＿＿＿系统，是自动扶梯的动力源。

2. 驱动装置一般由＿＿＿＿＿＿＿、＿＿＿＿＿＿＿、＿＿＿＿＿＿＿、＿＿＿＿＿＿＿、

_____、_____、_____等组成。

3. 自动扶梯驱动装置的制动器包括_____、_____和_____。

4. （　　）是自动扶梯必备的制动器。

A. 工作制动器　　　　　　　　　　B. 附加制动器

C. 辅助制动器　　　　　　　　　　D. 以上三种

5. 自动扶梯的停止方式有（　　）。

A. 手动停车　　　　B. 自动停车　　　　C. 强制停车　　　　D. 遥控停车

6. 自动扶梯的制动器包括（　　）。

A. 工作制动器　　　　　　　　　　B. 辅助制动器

C. 紧急制动器（附加制动器）　　　D. 齿轮制动器

7. 自动扶梯的动力驱动装置是驱动（　　）的。

A. 梯级　　　　B. 扶手带　　　　C. 轿厢　　　　D. 对重装置

8. 梯路很长的自动扶梯，驱动装置会在（　　）设置。

A. 上部　　　　B. 下部　　　　C. 中间　　　　D. 底部

9. 自动扶梯的动力来自（　　）。

A. 传动链　　　　B. 减速器　　　　C. 制动器　　　　D. 电动机

10. 提升高度只有一层楼的自动扶梯，驱动装置通常位于自动扶梯的（　　）。

A. 上端部　　　　B. 中间　　　　C. 下端部　　　　D. 侧位部

11. 自动扶梯的驱动装置一般由（　　）组成。

A. 电动机　　　　B. 减速器　　　　C. 制动器　　　　D. 驱动链

12. 一般自动扶梯驱动装置装在自动扶梯的（　　）机舱内。

A. 上端部　　　　B. 中间　　　　C. 下端部　　　　D. 侧位部

13. 自动扶梯和倾斜式自动人行道的附加制动器在（　　）时应起作用。

A. 速度超过名义速度的 1.2 倍之前

B. 不匀速行驶

C. 梯级、踏板或胶带改变其规定运行方向

D. 负载发生变化

14. 自动扶梯或自动人行道的附加制动器应为（　　）式的。

A. 机电　　　　B. 机械　　　　C. 电气　　　　D. 液压

15. 自动扶梯扶手带运行速度相对于梯级运行速度超差的最大允许范围为（　　）。

A. −1%～1%　　　　B. −2%～1%　　　　C. −2%～2%　　　　D. 0～2%

16. 自动扶梯和自动人行道安装完成后，必须检测（　　）运行方向的制停距离。

A. 上行　　　　　　　　　　　　　B. 下行

C. 上、下行　　　　　　　　　　　D. 以上选项均不对

项目 12

自动扶梯运载系统结构

▶目标任务◀

知识目标：

1. 掌握运载系统的结构组成。

2. 掌握运载系统各部件的功能作用。

能力目标：

1. 能够正确辨识运载系统的各部件。

2. 能够正确讲解运载系统组成部件的功能。

 知识准备

一、自动扶梯运载系统整体结构

自动扶梯运载系统（图 12-1）是自动扶梯的输送线路，是供梯级运行的循环导向系统，由梯级、牵引构件、梯路导轨系统、梳齿装置等组成。

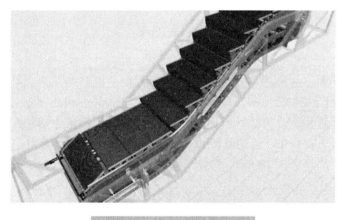

图 12-1　自动扶梯运载系统

自动扶梯运行时，梯级链将驱动主机的动力传送给梯级，使梯级沿着梯路导轨系统运行，安全快速地运输乘客。

二、自动扶梯运载系统部件

1. 梯级及牵引构件

（1）梯级

梯级是自动扶梯的主要承载部件，是输送乘客的特殊结构的四轮小车。梯级的踏板面在工作段必须保持水平。各梯级的主轮轮轴与牵引链条铰接在一起，而它的辅轮轮轴则不与牵引链条连接，这样可以保证梯级在扶梯的上分支保持水平，而在下分支可以进行翻转。在一台自动扶梯中，梯级是数量最多的部件且梯级是运动的部件。因此，一台扶梯的性能与梯级的结构、质量有很大的关系。梯级应能满足结构轻巧、工艺性能良好、装拆维修方便等要求。

梯级（图12-2）主要由踏板、踢板、梯级支架、主轮、辅轮组成。梯级有分体式和整体式两种结构形式。分体式梯级由踏板、踢板、支架等部分装配组合而成，而整体式梯级集踏板、踢板、支架于一体，整个压铸而成。分体式梯级虽然加工工艺简单，但梯级在运行过程中往往会松脱，易造成事故，因此，现在大部分自动扶梯制造厂都采用整体铝合金压铸的方法制造梯级。通常梯级上装配有塑料材质的侧面导向块，梯级靠主轮与辅轮沿导轨及围裙板移动，并通过侧面导向块进行导向，侧面导向块保证梯级与围裙板之间维持最小的间隙。为保证乘客安全，梯级上可喷涂黄色安全标志线，也可用黄色工程塑料制成镶块镶嵌在梯级脚踏板周围。梯级宽度规定不应小于 580 mm，且不超过 1 100 mm，通常有 600 mm、800 mm 和 1 000 mm 三种规格。

图 12-2　梯级

1）踏板

供乘客站立的面称为踏板，其表面应具有节距精度较高的凹槽。其作用是使梯级通过上下出入口时，能嵌在梳齿中，使运动部件与固定部件之间的间隙尽量小，以避免对乘客的脚产生夹挤等伤害。另外，凹槽还可以增加乘客与踏板之间的摩擦力，防止脚产生滑移。一般情况下，一个梯级的踏板由 2~5 块踏板拼成，并固定于梯级支架的纵向构件上。槽的尺寸一般是槽深 10 mm，槽宽 5~7 mm，槽齿顶宽 2.5~5 mm。

2）踢板

梯级中圆弧形带齿的面为踢板，在梯级踏板后端也做出齿形，这样可以使后一个梯级的踏板后端的齿嵌入前一个踢板的齿槽内，使各梯级间相互进行导向。提升高度大的自动扶梯的踢板有做成光面的。

3）梯级支架

梯级支架是梯级的主要支承结构，由两侧支架和以板材或角钢构成的横向连接件组成。

4）辅轮

一个梯级有四只车轮，两只铰接于牵引链条上的为主轮，两只直接装在梯级支架短轴上的是辅轮。自动扶梯梯级车轮的工作特性是：转速不高，一般在 80～140 r/min 范围内，但工作载荷大（达 8 000 N 或更大），外形尺寸受到限制（直径 70～180 mm）。

（2）牵引构件

自动扶梯的牵引构件是牵引梯级的主要机件，常见的牵引构件有牵引链条和牵引齿条两种。一台自动扶梯一般由两根闭合环路的牵引链条或牵引齿条构成。

1）牵引链条

牵引链条也称为梯级链（图 12-3），一般为套筒滚子链，由链片、销轴和套筒等组成。梯级通过梯级链，在梯级链驱动轮的牵引下，沿导轨运行。梯级的主轮轴与梯级链连接在一起，全部梯级按一定规律布置在导轨上，导轨的形状决定了梯级的运行轨迹。梯级在梯路上半周时，踏面一直处于水平状态，而在下半周，恰好翻转 180°。

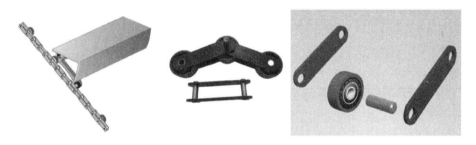

图 12-3　牵引链条

牵引链条按梯级主轮所处的不同位置和结构，可分为套筒滚子链和滚轮链两种。梯级主轮在链条内侧或外侧的称为套筒滚子链，梯级主轮在链条之间的称为滚轮链。

2）牵引齿条

牵引齿条（图 12-4）是中间驱动装置所使用的牵引构件，这种齿条分一侧有齿和两侧均有齿两种。一侧有齿的齿条，两梯级间用一节牵引齿条连接。两侧都有齿的齿条，一侧为大齿，另一侧为小齿，大齿用来带动梯级，小齿用来驱动扶手。

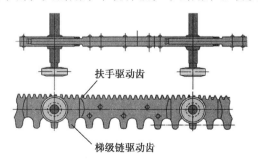

扶手驱动齿

梯级链驱动齿

图 12-4　牵引齿条

3）张紧装置

张紧装置的作用是使自动扶梯的梯级链条获得恒定的张力，补偿在运行过程中梯级链条的伸长。

张紧装置分为重锤式和弹簧式两种。重锤式张紧装置通过重锤的上下运动自动调节梯级链的张力。重锤式张紧装置结构复杂且自重较大，所以目前较少使用。目前弹簧张紧装置使用较广，其结构如图 12-5 所示。这种张紧装置的链轮轴两端均装在滑块内，滑块可在固定的滑槽中滑动，以调节梯级链条的张力，达到张紧的目的。张紧装置不仅具有张紧作用，而且具有防止梯级链断裂的功能。主轴安装在可沿键槽滑动的支座上，上面固定连接一调节螺栓，通过调节螺母可以调节压缩弹簧的压紧程度。

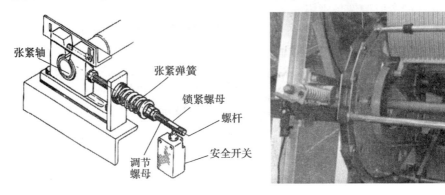

图 12-5　弹簧张紧装置

2. 梯路导轨系统及牵引构件

梯路导轨系统（图 12-6）能保证梯级按一定轨迹平稳运行，确保乘客上下扶梯的安全，并承受梯路的载荷和防止梯级跑偏。它具有光滑、平整、耐磨的工作表面，且具有一定的尺寸精度。导轨系统分为上、下转向部导轨（图 12-7）和中间部直线导轨系统（图 12-8）。

图 12-6　梯路导轨系统

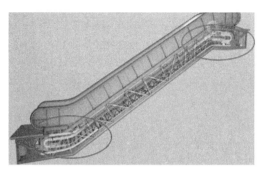

图 12-7 上、下转向部导轨

图 12-8 中间部直线导轨

梯路导轨系统是由主轮和辅轮的全部工作轨、返回轨、转向壁以及相应的支撑物等组成的阶梯式导轨系统。

主轮工作轨和辅轮工作轨是梯级主轮与辅轮运行的受载导轨。主轮返回轨和辅轮返回轨是梯级运行到下分支时的导轨。转向壁也称为转向导轨，是主轮、辅轮运行终端转向的整体式导轨。设置转向壁的目的是确保梯级平滑反转运行时有良好的连续性。图 12-9 是端部驱动扶梯的下部转向壁的结构。当牵引链条通过驱动端和张紧端的转向轮时，梯级主轮不再需要导轨，而是直接与齿轮啮合，完成转向。但辅轮仍需要导轨，大部分辅轮转向导轨都做成整体式的。

图 12-9 端部驱动扶梯的下部转向壁

目前较多厂家采用冷拔角钢制作扶梯导轨，也有部分厂家引进国外先进技术，选择冷弯型材制造扶梯梯级运行和返回导轨。冷弯型材具有重量轻、相对刚度大、制造精度高等特点，便于装配和调整。

3. 梳齿装置

梳齿装置设置在自动扶梯的出入口处，是确保乘客安全上下扶梯的机械构件。如图 12-10 所示，梳齿装置由梳齿、梳齿板和前沿板三部分组成。

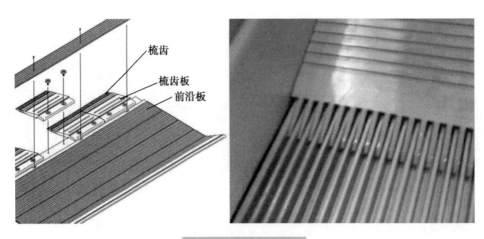

图 12-10　梳齿装置

　　梳齿板的作用是固定梳齿，为易损件，成本低且更换方便。常用梳齿板有塑料和铝合金梳齿板两种。梳齿上的齿槽应与梯级上的齿槽啮合，当有异物掉落在梯级上时，异物会平滑地过渡到前沿板上。一旦异物阻碍梯级运行，梳齿将会被抬起或发生移位，触发微动开关，扶梯将停止运行。在梳齿板踏面位置测量梳齿的宽度不应小于 2.5 mm，端部修成圆角，圆角半径不应大于 2 mm，其形状应做成使其在与梯级、踏板之间造成挤夹的风险尽可能降至最低。梳齿板的梳齿与踏面齿槽的啮合深度不应小于 6 mm，间隙不应大于 4 mm。

　　前沿板既是乘客的出入口，也是上平台、下平台维修间的盖板，一般用薄钢板制作，背面焊有加强筋。前沿板表面应铺设耐磨、防滑材料，如铝合金型材、花纹不锈钢或橡胶地板。

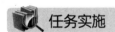 任务实施

一、课堂准备

　　课堂准备及布置如下。

场地准备	课堂布置
6 人用实训场地五块，对应数量的课桌椅，黑板一块，多媒体教学设备一套	小组成员坐在同一区域内，以便讨论

二、设备准备

　　对应小组数量的教学扶梯，供学生上课时认识。

三、任务布置

　　按要求进行分组，完成以下任务。

　　仔细观察教学扶梯运载系统的形状与结构，并填写表 12-1。

表 12-1 自动扶梯运载系统

图 片	名 称	作 用

续表

图　片	名　称	作　用

考核评价

形式：现场测试
时间：10 分钟
内容要求： 　　请老师随机指出 5 个扶梯运载系统部件名称，学生在设备上找出实物，并回答其作用。
记录：

作业巩固

1. 自动扶梯运载系统由＿＿＿＿、＿＿＿＿、＿＿＿＿、＿＿＿＿＿等组成。

2. 梯级是自动扶梯的主要承载部件，主要由＿＿＿＿、＿＿＿＿、＿＿＿＿、＿＿＿＿、＿＿＿＿组成。梯级有＿＿＿＿和＿＿＿＿两种结构形式。

3. 常见的牵引构件有牵引＿＿＿＿和＿＿＿＿两种。

4. 位于自动扶梯两端出入口处，方便乘客上下扶梯，并与梯级、踏板啮合的部件，称为(　　)。

　　A. 扶手带　　　　　B. 梳齿板　　　　C. 防夹装置　　　　D. 防撞装置

5. 自动人行道的踏板 (　　)，都是前后踏板共用轮。

　　A. 有主轮　　　　　B. 有辅轮　　　　C. 没有主轮　　　　D. 没有辅轮

6. 自动人行道的导轨系统 (　　)。

　　A. 没有转向壁　　　　　　　　B. 没有副轮导轨

　　C. 有转向壁　　　　　　　　　D. 有副轮导轨

7. 自动扶梯防止梯级跑偏的导轨叫 (　　)。

　　A. 导轨　　　　　　B. 反轨　　　　　C. 侧轨　　　　　D. 正轨

8. 梯路是指 (　　) 输送乘客的线路。

　　A. 垂直电梯　　　　B. 液压电梯　　　C. 自动扶梯　　　D. 汽车电梯

9. 自动扶梯的名义宽度一般分为（　　　）。

A. 600 mm　　　　　B. 800 mm　　　　　C. 1 000 mm　　　　　D. 1 200 mm

10. 拆装梯级，必须切断（　　　），用手动盘车方法移动梯级至适当位置，以便于拆装。

A. 链条　　　　　B. 电源　　　　　C. 扶手带

11. 自动扶梯梯级牵引链条的节距越小，（　　　）。

A. 工作越不平稳　　　B. 工作越平稳　　　C. 自重越大　　　　D. 自重越小

项目 13

自动扶梯扶手系统结构

目标任务

知识目标：

1. 掌握扶手系统的组成与作用。
2. 掌握扶手驱动装置的驱动形式。

能力目标：

1. 能够正确识别扶手系统的零部件。
2. 能够正确解释扶手驱动装置的工作原理。

 知识准备

一、自动扶梯扶手系统整体结构

扶手系统（图 13-1）是供站立于踏板上的乘客扶手用的，是一个重要的安全保障设备。自动扶梯和自动人行道在扶手系统被发明后才进入实际应用阶段。扶手系统与梯级以相同速度（速度差在 0~2% 以内）运动。扶手系统主要由扶手驱动装置、扶手导向装置、扶手带和扶手栏杆组成。

二、自动扶梯扶手系统部件

图 13-1 扶手系统

1. 扶手驱动装置

扶手驱动装置是装设在自动扶梯和自动人行道两侧的具有特种结构形式的带式输送机。扶手驱动装置是驱动扶手带运行，并保证扶手带运行速度与梯级运行速度偏差不大于 2% 的驱动装置。扶手带由驱动装置通过扶手驱动链直接驱动，无须中间轴，扶手带驱

动轮缘有耐油橡胶摩擦层，以提高摩擦力，保证扶手带与梯级同步运行。扶手驱动装置一般分为摩擦轮驱动、压滚轮驱动和端部轮驱动三种形式。

（1）摩擦轮驱动

如图 13-2 所示为一种摩擦轮驱动方式的扶手装置。扶手带围绕若干组导向轮群、进出口的导向滚轮群及特种形式的导轨构成一闭合环路。扶手带与梯路由同一驱动装置驱动，并保证二者的速度基本相同。

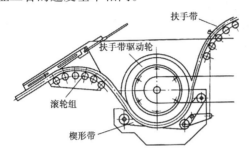

图 13-2   摩擦轮驱动式扶手装置

（2）压滚轮驱动

如图 13-3 所示为压滚轮扶手带驱动装置。扶手带通过一系列相对压紧的轮子的转动来获得驱动力，驱动扶手带循环运动。

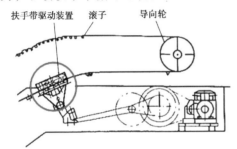
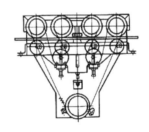

图 13-3   压滚轮驱动式扶手装置

（3）端部轮驱动

如图 13-4 所示为端部轮驱动扶手装置。扶手带轮由驱动轮转动获得驱动力从而带动扶手带运动。该驱动方式只能用在不锈钢扶手栏板的自动扶梯上。

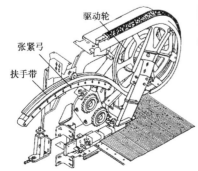

图 13-4   端部轮驱动式扶手装置

2. 扶手导向系统

扶手导向系统由扶手导轨、扶手支架、导向滚轮柱群、进出口改向滑轮、支承滚轮组和进出口改向滚柱组构成。图 13-5 为扶手导向装置各组成部件实物图。

导向滚轮柱群

进出口改向滑轮

支承滚轮组

进出口改向滚柱组

图 13-5　扶手导向装置组成部件

扶手导轨安装在扶手架上，作用是为扶手带导向。扶手导轨一般采用冷拉型材，或用不锈钢材料冲压成型。

扶手支架是支撑扶手带、连接扶手导轨、固定护壁板及扶手照明装置的机件，常用合金或不锈钢压制成型。

3. 扶手带与扶手带张紧装置

（1）扶手带

扶手带是一种边缘向内弯曲的封闭型橡胶带，一般由橡胶层、织物层、钢丝或纤维芯层、抗摩擦层组成。常见的扶手带颜色为黑色，也可根据客户需求选用其他颜色。依据扶手带内表面的形状，可将其分为平面形扶手带（图 13-6）和 V 形扶手带（图 13-7）。

图 13-6　平面形扶手带

图 13-7　V 形扶手带

在任何情况下，扶手带开口处与导轨或扶手支架之间的距离不应大于 8 mm，扶手带的宽度应在 70~100 mm，扶手带与扶手装置边缘之间的距离不应大于 50 mm。扶手带在扶手转向端入口处的最低点与地板之间的距离不应小于 0.1 m，也不应大于 0.25 m。扶手转向端顶点到扶手带入口处的水平距离不应小于 0.3 m。扶手带顶面距梯级前缘或踏板表面的垂直距离不应小于 0.9 m，也不应大于 1.1 m。

（2）扶手带张紧装置

扶手带张紧装置能消除因制造和环境变化产生的长度误差，确保扶手带正常运行。若扶手带过松，则会造成扶手带脱出导轨；若扶手带过紧，则运行阻力增大且会造成扶手带表面磨损严重，甚至会使扶手带与梯级同步性不能达到国家标准。在安装及检修时，需注意扶手带张力的调整。

扶手带的松紧度由扶手带张紧装置的挡位来调整。扶手带张紧装置有上部、中部和下部张紧装置。

1）扶手带上部张紧装置

扶手带张紧板位于自动扶梯两侧的上弯曲处，调节时打开内盖板，松开固定螺栓和固定螺母，调整锁紧螺母的位置即可。

2）扶手带中部张紧装置

扶手带缠绕在扶手带驱动轮橡胶上，通过调节张紧弹簧的压紧力，使扶手带驱动压轮组将扶手带压紧在驱动轮上。

3）扶手带下部张紧装置

扶手带张紧轮组位于自动扶梯两侧的下弯曲处，调节时打开楼层踏板，松开固定螺母和锁紧螺母，调整固定螺母的位置即可。

4. 扶手栏杆

在建筑物内扶手栏杆起到装饰作用，为满足乘客的审美和舒适度要求，栏杆的形式须与建筑物内部装饰相协调。如图 13-8 所示，扶手栏杆由围裙板、内盖板、钢化玻璃（护壁板）、外盖板等部件组成。

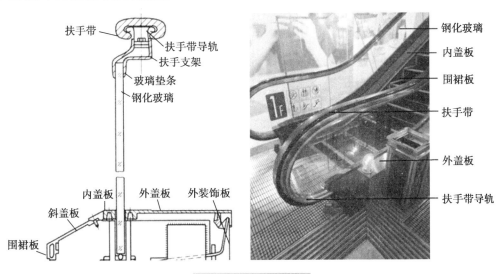

图 13-8 扶手栏杆

按扶手栏杆护壁板的形式，可分为全透明无支撑式（E型）、半透明有支撑式（F型）和不透明有支撑式（I型）。透明材料均采用钢化玻璃，而不透明材料一般都使用不锈钢板来制造。选用的钢化玻璃应具有良好的刚度、强度及耐高温性能。单层玻璃的厚度不应小于 6 mm。当采用夹层玻璃时，至少有一层的厚度不应小于 6 mm。

采用钢化玻璃作为扶手栏板的自动扶梯，乘客可以透过扶手护栏看到自动扶梯对面的景象，视野开阔，感觉似乎增加了建筑物空间，符合大部分人的心理需求。采用不锈钢制成扶手栏板的自动扶梯，结构强度大，适用于车站、码头、机场等客流量大的场合。

围裙板是与梯级两侧相邻的围板部分，一般选用 1~2 mm 厚的不锈钢板材料制成，既起装饰作用，又起安全保护作用。为了确保自动扶梯的安全运行，围裙板与梯级的单边间隙应不大于 4 mm，两边间隙之和不应大于 7 mm。

内盖板是连接围裙板和护壁板的盖板。外盖板是扶手带下方外装饰板上的盖板。内盖板与围裙板之间用斜盖板连接，有时也用圆弧形板连接。内外盖板和斜盖板一般用铝合金型材或不锈钢板制成，起到安全、防尘和美观的作用。

扶手照明装置兼具照明和装饰作用，一般由客户根据需要自主选择。通常照明装置安装在扶手支架的下方。为防止乘客直接接触照明装置而发生危险，照明装置外面装设透明塑料防护罩。

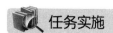 任务实施

一、课堂准备

课堂准备及布置如下。

场地准备	课堂布置
6 人用实训场地五块，对应数量的课桌椅，黑板一块，多媒体教学设备一套	小组成员坐在同一区域内，以便讨论

二、设备准备

对应小组数量的教学扶梯，供学生上课时认识。

三、任务布置

按要求进行分组，完成以下任务。

仔细观察扶手系统实物的类型与结构，并填写表 13-1。

表 13-1 扶手系统组成

图　　片	名　　称	作　　用

考核评价

形式：现场测试
时间：10 分钟
内容要求： 　　请老师随机指出自动扶梯扶手部件，学生回答名称、作用及工作原理。
记录：

作业巩固

1. 扶手系统主要由_____、_____、_____和_____组成。

2. 扶手驱动装置一般分为_____、_____和_____三种形式。

3. 扶手驱动装置就是驱动扶手带运行，并保证扶手带运行速度与梯级运行速度偏差不大于（ ）的驱动装置。

A. 1% B. 2% C. 3% D. 5%

4. 为了防止手指被扶手带带入机内造成伤害，在扶手带出入口处设有（ ）。

A. 梳齿开关 B. 裙板开关
C. 出入口保护开关 D. 断链保护开关

5. 梯级端部与围裙板之间的间隙，单侧间隙不应大于（ ）mm。

A. 2 B. 4 C. 7 D. 8

6. 按扶手外观，目前市场上不存在（ ）的自动扶梯。

A. 全透明扶手 B. 半透明扶手 C. 不透明扶手 D. 无扶手

7. 扶手带顶面距梯级前缘或踏板表面之间的垂直距离为（ ）。

A. 0.8~1.0 m B. 0.9~1.1 m C. 1.0~1.2 m D. 1.2~1.5 m

8. 下列不属于扶手栏杆组成部件的是（ ）。

A. 围裙板 B. 内盖板 C. 护壁板 D. 上盖板

项目 14

自动扶梯安全保护系统结构

目标任务

知识目标：

1. 掌握安全保护系统的部件组成与作用。

2. 掌握安全保护装置的工作原理。

能力目标：

1. 能够正确辨识安全保护系统各部件并讲解其功能作用。

2. 能够正确讲解各安全保护装置的工作原理。

 知识准备

一、自动扶梯安全保护系统整体结构

根据《自动扶梯和自动人行道的制造和安装安全规范》的规定，自动扶梯应设置一定的安全保护装置以避免各种潜在危险事故的发生，确保乘用人员和设备的安全，并把事故对设备和建筑物的破坏降到最低程度。常见的自动扶梯安全保护装置见图 14-1。

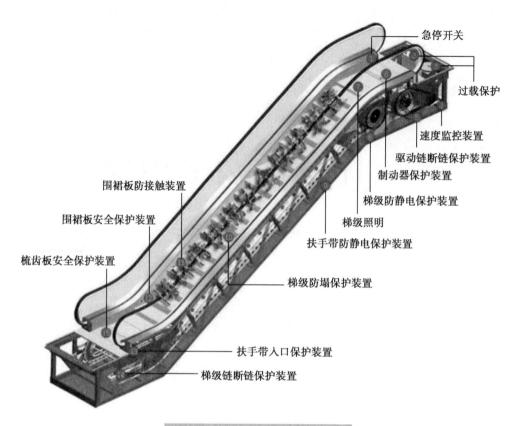

急停开关

过载保护

速度监控装置

驱动链断链保护装置

制动器保护装置

梯级防静电保护装置

梯级照明

扶手带防静电保护装置

梯级防塌保护装置

围裙板防接触装置

围裙板安全保护装置

梳齿板安全保护装置

扶手带入口保护装置

梯级链断链保护装置

图 14-1 自动扶梯安全保护装置

二、自动扶梯安全保护装置

为确保乘客安全，自动扶梯及自动人行道应设安全保护装置，各安全保护装置及作用见表 14-1。

表 14-1 自动扶梯安全保护装置及作用

序 号	安全装置	作 用
1	扶手带入口安全保护装置	该装置设有自动复位式开关触点，当异物卡在保护装置上时，开关动作，自动扶梯停止运行。
2	扶手带断带安全保护装置	当扶手带出现意外破断时，微动开关动作，切断控制电路，使扶梯停止运行。
3	梯级下陷安全保护装置	梯级塌陷时，下部的微动安全开关动作，自动扶梯停止运行。
4	梯级缺失安全保护装置	梯级缺失时，切断安全回路，自动扶梯停止运行。
5	梳齿板安全保护装置	梳齿板处设有安全开关，当异物卡入梳齿板时，安全开关动作，自动扶梯停止运行。

续表

序 号	安全装置	作 用
6	围裙板安全保护装置	围裙板内设有安全开关,当异物被夹入梯级与围裙板之间的空隙时,自动扶梯停止运行。
7	围裙板防夹装置	围裙板两侧安装毛刷或橡胶条,可防止衣物、鞋带与围裙板接触。
8	梯级链断裂安全保护装置	梯级链设有两个安全开关,当梯级链过度伸长或断裂时,开关动作,自动扶梯停止运行。
9	驱动链断裂安全保护装置	驱动链过度伸长或断裂时,开关动作,自动扶梯停止运行,同时驱动链自锁装置自动动作。
10	超速检测装置	当自动扶梯运行速度超过额定速度的1.2倍时,工作制动器动作,自动扶梯停止运行。
11	扶手带速度监测装置	扶手带偏离梯级速度大于15%且持续时间超过15秒时,扶手带速度监测装置应使扶梯停止运行。
12	楼层板保护装置	如果楼层板打开,安全回路被切断,自动扶梯停止运行。
13	停止开关	安装在自动扶梯的上下入口处,遇到紧急情况时,按下停止开关,自动扶梯将制停。
14	防逆转保护装置	有机械式和电子式两种。当扶梯发生逆转时,该装置使工作制动器或附加制动器动作,扶梯停止运行。
15	制动器	有工作制动器、紧急制动器、附加制动器,在不同的工况下,确保扶梯停止运行。
16	电动机保护开关	当过载和短路时,立即切断电动机供电,自动扶梯停止运行。
17	梯级警示边框	提醒乘客站立在黄色边框内,注意乘梯安全。

1. 扶手带入口安全保护装置

扶手带是运动部件,在自动扶梯的上、下端各有一个出入口,运动着的扶手带从出入口进出。为防止乘用人员因好奇而用手触摸,造成不必要的伤害,因此 GB 16899—2011 中规定,扶手带出入口必须装设安全保护装置,以防止乘用人员的手指受到伤害,并装设安全保护开关,开关一旦动作,自动扶梯就会停止运行。

如图 14-2 所示为一种形式的扶手带入口安全保护装置。该装置是在扶手带入口处设有一橡胶圈,扶手带穿过橡胶圈运行,当有异物卡住时,橡胶圈向内移动,与之相连的触发杆将向内移动,切断安全开关,使自动扶梯制停。

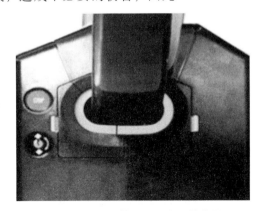

图 14-2　扶手带入口安全保护装置

2. 扶手带断带安全保护装置

公共交通型自动扶梯，在扶手带的破裂载荷小于 25 kN 的情况下，应设置能使自动扶梯在扶手带断带时停止运行的装置。在断带或扶手带过分伸长失效时，安全开关均可动作，从而切断安全回路，使自动扶梯制停。如图 14-3 所示为一种扶手带断带安全保护装置。扶手带一旦断裂或过分伸长，将下压检测杆，触动安全开关，使自动扶梯控制电路断开，停止运行。

图 14-3　扶手带断带安全保护装置

图 14-4　梯级下陷安全保护装置

3. 梯级下陷安全保护装置

梯级是运载乘客的重要部件，如果损坏，将是很危险的。在梯级轮外圈的橡胶剥落、梯级轮轴断裂或梯级的弯曲变形等情况发生时，如果没有检测出来，在梯级进入梳齿和转向壁时，会损坏扶梯的重要零部件，从而造成事故。因此，自动扶梯上必须装设防梯级塌陷或严重变形的保护装置。

如图 14-4 所示为一种梯级下陷安全保护装置。当梯级轮外圈的橡胶剥落、梯级轮轴断裂、梯级弯曲变形或超载使梯级下沉时，梯级会碰到上下检测杆，轴随之转动，触动开关，自动扶梯停止运行。此时应检查或更换、修复损坏的梯级。故障排除后，手动将检测杆复位，安全开关随即复位，自动扶梯便可重新运转。

4. 梯级缺失安全保护装置

如图 14-5 所示为一种梯级缺失安全保护装置，用于探测梯路中梯级是否缺失。一般在自动扶梯进出口各设一个扫描装置组成安全电路，该装置对通过驱动站和转向站的梯级进行扫描，运行中发现梯级带出现空隙，就会切断安全回路，关闭自动扶梯。

5. 梳齿板安全保护装置

梳齿通过螺丝连接在梳齿板上，梳齿与梯级踏板面的凹槽相配合，配合间

图 14-5　梯级缺失安全保护装置

隙一般在3~4 mm，以铲除一些垃圾和异物。有时如果有异物卡到梳齿与梯级之间，就有可能将梳齿打断或损坏梯级。因此，自动扶梯上必须设有梳齿板安全保护装置。

如图 14-6 所示为一种梳齿板安全保护装置。该装置可在水平和竖直两个方向上切断安全回路。当有异物卡在梳齿之间时，梳齿板会向后移动，连接在梳齿板上的可调摆杆将安全开关的触点切断；当梳齿板向上抬起时，通过摆杆转化成摆杆的水平移动，同样可以将开关切断。

6. 围裙板安全保护装置

自动扶梯围裙板与梯级侧面存在着间隙，在正常运行时围裙板与梯级之间的间隙，单边不大于 4 mm，两侧之和不大于 7 mm。特别是在上下转弯处，梯级除做水平方向的运动外，还有垂直方向的运动，容易将异物卡入间隙造成危险。为保证乘客的安全，自动扶梯一般都装有围裙板安全保护开关（图 14-7），一旦出现异物卡入间隙时，能使自动扶梯立即停止运行。

图 14-6 梳齿板安全保护装置　　　　　图 14-7 围裙板安全保护开关

7. 围裙板防夹装置

为防止衣物、鞋带与围裙板接触，可在自动扶梯两侧的围裙板上安装防夹装置。如图 14-8 所示为毛刷型和橡胶条型围裙板防夹装置。

毛刷型　　　　　　　　橡胶条型

图 14-8 围裙板防夹装置

8. 梯级链断裂安全保护装置

梯级链在使用过程中随着磨损会发生伸长甚至断裂。伸长的主要原因是链条节点处的销轴与轴套的磨损，使节距增大，伸长太多就会导致梯级系统产生不正常振动和噪声，并在返回时会出现被卡住的可能。国家标准规定，自动扶梯必须装设当梯级链过度伸长或断裂时使扶梯停止的安全保护装置。如图14-9所示为一种梯级链断裂安全保护装置。在设计中，通常将梯级链保护装置与梯级链张紧装置合二为一作为检测梯级链松紧度和断裂保护装置。

图14-9　梯级链断裂安全保护装置　　图14-10　驱动链断裂安全保护装置

9. 驱动链断裂安全保护装置

国家标准规定，当驱动链发生断裂时，应使自动扶梯停止运行。采用链式驱动的自动扶梯都应装有驱动链断裂安全保护装置（图14-10）。

驱动链断链安全保护装置的作用有两个：一是在链条断裂时发出断链信号，使附加制动器立即动作；二是当链条过分松弛时，切断自动扶梯安全电路，使自动扶梯工作制动器动作。

10. 超速检测装置

自动扶梯超速常常发生在满载下行时，速度的加大可能会造成乘客在到达下出口后不能及时离开，而造成人员堆积的情况，由此可能引发挤压和踩踏事故。国家标准规定，自动扶梯和自动人行道应配置速度限制装置，使其在速度超过额定速度的1.2倍之前自动停车。为此，所用的速度限制装置在速度超过额定速度的1.2倍时，应能切断自动扶梯或自动人行道驱动主机的电源。如图14-11所示是一种电子式超速检测装置。

11. 扶手带速度监测装置

在自动扶梯运行时，扶手带速度与梯级速度不一致会导致乘客失去平衡。国家标准规定，扶手带偏离梯级速度大于15%且持续时间超过15秒时，扶手带速度监测装置应使扶梯停止运行。如图14-12所示为一种扶手带速度监测装置。

图 14-11 超速检测装置

图 14-12 扶手带速度监测装置

12. 楼层板保护装置

楼层板保护装置即楼层板开关（图 14-13）。如果楼层板打开，那么安全回路被切断，自动扶梯停止运行。楼层板开关防止在楼层板打开时机械运动发生意外伤害。在楼层板盖上之前，自动扶梯不能起动。

图 14-13 楼层板保护装置

图 14-14 停止开关

13. 停止开关

停止开关（图 14-14）应安装在自动扶梯上明显的地方，遇到紧急情况时，按下停止开关，自动扶梯将制停。停止开关一般位于自动扶梯的上下扶手入口面板处，超长的自动扶梯应在自动扶梯中部位置增加一个或若干个停止开关。

此外，自动扶梯还应设置电气保护装置、出入口阻挡保护装置、夹角防碰保护装置、防攀爬装置、阻挡装置、防滑行装置。

14. 防逆转保护装置

防逆转保护装置是防止扶梯改变规定运行方向的自动扶梯运行控制装置。这种装置有机械式和电子式两种。当扶梯发生逆转时，该装置使工作制动器或附加制动器动作，使扶梯停止运行。

15. 工作制动器、紧急制动器、附加制动器

工作制动器安装在主机上，是确保扶梯正常停车的制动器；紧急制动器直接作用在驱动主轴上，是确保扶梯在紧急情况下有效地减速停车并保持静止状态的制动器；附加制动器直接安装在驱动主轴上，在工作制动器失效时动作，实现加强制动力矩，是确保扶梯停止运行的制动器。

16. 电动机保护开关

电动机上装有防止过载和防止短路的安全装置。当自动扶梯超载或电动机绕组电流过大时，保护开关断开，立即切断电动机供电，自动扶梯停止运行。此保护开关应能自动复位，直接与电源连接的电动机还应设有短路保护。

17. 梯级警示边框

为确保扶梯的使用安全，在梯级踏板面边缘设置黄色边框，提醒乘客站立在黄色边框内。梯级边框应涂有 5 cm 宽的黄色漆条，或用 ABS 聚氨酯黄色边框条，不仅能提醒乘客注意安全，同时还具有装饰作用。

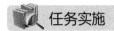 **任务实施**

一、课堂准备

课堂准备及布置如下。

场地准备	课堂布置
6 人用实训场地五块，对应数量的课桌椅，黑板一块，多媒体教学设备一套	小组成员坐在同一区域内，以便讨论

二、设备准备

对应小组数量的教学扶梯，供学生上课时认识。

三、任务布置

按要求进行分组，完成以下任务。

仔细观察自动扶梯安全保护系统实物的结构，并填写表 14-2。

表 14-2　自动扶梯安全保护系统组成

图　片	名　称	作　用

图　片	名　称	作　用

续表

图 片	名 称	作 用

考核评价

形式：现场测试
时间：20 分钟
内容要求： 　请老师随机指出 10 个扶梯安全保护系统部件，学生回答部件名称、部件的功能作用、保护装置的工作原理。
记录：

作业巩固

1. 常见的自动扶梯安全保护装置由_____、_____、_____、_____、_____、_____、_____、_____等构成。

2. 扶手带一旦断裂或过分伸长，将下压检测杆，触动安全开关，使自动扶梯控制电路断开，停止运行。这种保护装置是（　　）。

A. 扶手带断带安全保护装置

B. 梯级链保护装置

C. 速度限制装置

3. 梳齿与梯级踏板面的凹槽相配合，配合间隙一般在（　　），以铲除一些垃圾和异物。

A. 2~3 mm　　　　　B. 3~4 mm　　　　　C. 4~5 mm　　　　　D. 5~6 mm

4. 为了防止衣物、鞋带与围裙板接触，可在自动扶梯（　　）上安装防夹装置。

A. 单侧的围裙板　　　　　　　　　B. 扶手带入口

C. 两侧的围裙板　　　　　　　　　D. 梯级

5. 在设计中，通常将（　　）与（　　）合二为一作为检测梯级链松紧度和断链保护装置。

A. 梯级链保护装置　　　　　　　　B. 梯级链张紧装置

6. 自动扶梯和自动人行道应配置速度限制装置，使其在速度超过额定速度的（   ）之前自动停车。

    A. 1. 1 倍　　　　　　B. 1. 15 倍　　　　　　C. 1. 2 倍　　　　　　D. 1. 5 倍

7. 国家标准规定，扶手带偏离梯级（   ）时，扶手带速度监测装置应使扶梯停止运行。

    A. 速度大于 15%

    B. 持续时间超过 15 秒

    C. 速度大于 15%且持续时间超过 15 秒

    D. 速度大于 15%或持续时间超过 15 秒

8. 自动扶梯运行中，扶梯驱动链拉长或断裂，可将扶梯制停的主要部件是（   ）。

    A. 主接触器　　　　　　　　　　B. 附加制动器

    C. 驱动链松断保护开关　　　　　　D. 急停开关

9. 根据 TSG T7005—2012《检规—自动扶梯和自动人行道》（简称），应对自动扶梯的（   ）监控和安全保护装置进行检查。

    A. 非操纵逆转　　　　　　　　　　B. 梯级驱动元件

    C. 梯级缺失　　　　　　　　　　　D. 扶手带速度偏离

10. 对于由于发生自然灾害或者设备事故而使其安全技术性能受到影响的自动扶梯与自动人行道以及停止使用（   ）的自动扶梯与自动人行道，再次使用前，应当按照相关规定进行检验。

    A. 1 年以上　　　　　B. 2 年以上　　　　　C. 3 年以上　　　　　D. 4 年以上

11. 能用于检测梯级链松紧度的装置是（   ）。

    A. 梯级链断裂安全保护装置　　　　B. 梯级下陷安全保护装置

    C. 驱动链断裂安全保护装置　　　　D. 梯级缺失保护装置

项目 15

自动扶梯电气控制系统结构

目标任务

知识目标：

1. 掌握电气控制系统部件的类型及结构形式。

2. 掌握电气控制系统各组成部件的功能作用。

能力目标：

能够正确辨识电气控制系统各部件并讲述其功能作用。

知识准备

一、自动扶梯电气控制系统整体结构

自动扶梯电气控制系统，不仅是自动扶梯的重要组成部分，而且是自动扶梯的"大脑"，应能对电动机的起动、停止、正反转、"星-三角"变换进行全面的控制和管理，对运行中发生的短路、欠电压、过载、梯级塌陷、梯级缺失、驱动链断、传动链断、梯级运行速度与扶手带运行速度偏离等多种故障实施高速并行处理。当一路或几路发生故障时，能进行声光报警，及时切断控制电路电源和主电路电源，使自动扶梯迅速制动并准确停车。电气控制系统为扶梯的安全、舒适、可靠运行提供保障。

自动扶梯电气控制系统由一体化控制柜、机房接线箱、面板操纵盒、移动检修盒、电动机、电磁制动器、起动停止开关、速度检测电气装置、安全保护开关、传感器、扶手照明电路、故障及状态显示器、报警装置等部件组成。其中安全保护装置前面已经介绍过，这里主要介绍自动扶梯控制柜及控制元件。

二、自动扶梯电气控制系统部件

1. 控制柜

控制柜是自动扶梯电气控制系统的核心，是检测和控制自动扶梯运行的计算机。控制柜连接安全和检测装置，并不断收到来自传感器系统关于自动扶梯运行状况的信息。

控制柜位于上端底坑，接近驱动站。

控制柜的内部有主控板、断路器、接触器、继电器、变频器、接线端子等诸多电气设备（图 15-1）。定期对控制柜进行清洁保养工作，能有效地提高其使用寿命和安全性。

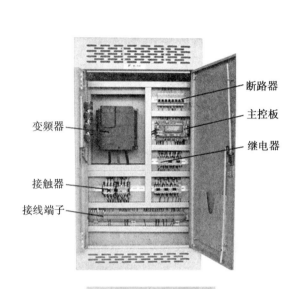

图 15-1　控制柜组成

图 15-2　扶梯控制主板

（1）控制主板

扶梯控板主板由硬件和软件两大部分组成，硬件包括控制器、控制器底板、数码显示器、电源、插槽、接线端子等，软件包括下位机运行控制软件、上位机写卡授权软件。扶梯控制主板如图 15-2 所示。

（2）断路器

低压断路器（图 15-3）又称自动空气开关或自动空气断路器，简称自动开关。它是一种既有手动开关作用，又能自动进行失压、欠压、过载和短路保护的电器。

断路器可对不频繁起动的异步电动机、电源线路等实行保护，当它们发生严重的过载、短路及欠电压等故障时，断路器能自动切断电路。

低压断路器主要由触电系统、灭弧系统、保护装置、操作机构等组成。低压断路器的

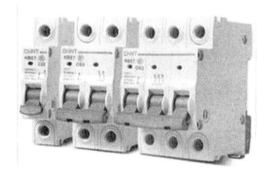

图 15-3　低压断路器

触电系统一般由主触点、弧触点和辅助触点组成。断路器具有过电流、短路自动脱扣功能，带有消磁灭弧装置，可以用来接通、切断大电流。断路器的灭弧装置暴露在空气中，在空气介质环境中就可以消除电弧，这类电器一般多用于低压回路。断路器是一种只要有短路现象，开关形成回路就会跳闸的开关，在自动扶梯中应用较广。

（3）接触器

接触器（图15-4）是用来频繁地遥控接通或分断交直流主电路及大容量控制电路的自动控制电器，是电力拖动与自动控制系统中一种重要的低压电器，也是有触点电磁式电器的典型代表。接触器由电磁系统、触头系统、灭弧装置和复位弹簧等几部分构成。按主触头通过电流的种类，接触器可分为交流接触器和直流接触器两种。

图15-4　接触器

（4）继电器

继电器（图15-5）是根据某种输入量的变化，接通或断开小电流控制电路，实现远距离自动控制和保护控制的电器。其输入量有电流、电压等电气量，也可以是温度、时间、速度、压力等非电气量。

继电器按照用途分为控制继电器和保护继电器。控制继电器包括中间继电器、时间继电器和速度继电器等，保护继电器包括热继电器、电压电流继电器等。

图15-5　继电器　　　　　　　　　　图15-6　变频器

（5）变频器

变频器（图15-6）是应用变频技术与微电子技术，通过改变电机工作电源频率的方式来控制交流电动机的电力控制设备。变频器主要由整流、滤波、逆变、制动单元、驱动单元、检测单元、微处理单元等组成。变频器靠内部绝缘栅极型晶体管的开断来调整输出电源的电压和频率，根据电机的实际需要来提供其所需要的电源电压，从而达到节能、调速的目的。另外，变频器还有很多保护功能，如过流、过压、过载保护等。

为了节能和环保，目前自动扶梯大多采用变频控制技术实现自动扶梯的控制。当检测到自动扶梯轻载运行时，扶梯自动转入自动运行或分段运行。根据客流量的多少，对不同时段设置不同的运行速度。无人乘坐时，自动扶梯停止或进入待机模式，以减少能源浪费。

图 15-7　扶梯一体化控制柜

（6）一体化控制柜

一体化控制技术适用于永磁同步电梯主机，简单来说，就是把电梯的变频器和控制主板集成到一起，节省电气元件和控制柜空间，降低成本，同时控制柜的操作和维护工作也相应变得简单。如图 15-7 所示为一款扶梯一体化控制柜。

2. 主电源箱

主电源箱（图 15-8）通常装在自动扶梯或自动人行道驱动端的机房中，箱体中包含了主开关和主要的自动断电装置。

图 15-8　自动扶梯主电源箱

自动扶梯电源开关应遵守下列规范：在驱动机房、改向装置机房或控制屏附近，要装设一只能切断电动机、制动器的释放器及控制电路电源的主开关。但该开关不应切断电源插座以及维护检修所必需的照明电路的电源。当暖气设备、扶手照明和梳齿板照明等单独供电时，则应设单独切断其电源的开关。各相应开关应位于主开关旁，并有明显标识。主开关的操作机构在活门打开之后，要能迅速而方便地接近。操作机构应具有稳定的断开和闭合位置，并能保持在断开位置。主开关应具有切断自动扶梯及自动人行道在正常使用情况下的最大电流的能力。如果几台自动扶梯与自动人行道的各个主开关设置在一个机房内，各台的主开关应易于识别。

自动扶梯其他常见电气部件，如自动扶梯钥匙盒、检修盒等，如图 15-9 所示。

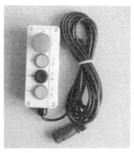

图 15-9　自动扶梯钥匙盒、检修盒

3. 照明系统

自动扶梯的照明系统可分为机房照明、扶手照明、围裙板照明、梳齿板照明及梯级间隙照明（图 15-10）。常见的照明电路有 LED 梳齿照明、LED 点状型围裙板灯、连续光纤型围裙板灯、扶手照明灯等。照明灯颜色可根据用户需求定制，颜色可渐变、跳变或固定为某一特定颜色。装饰灯的照度应不小于 25 lx，公共交通型扶梯一般采用双色LED 灯。

图 15-10　常见自动扶梯照明灯

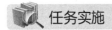 任务实施

一、课堂准备

课堂准备及布置如下。

场地准备	课堂布置
6 人用实训场地五块，对应数量的课桌椅，黑板一块，多媒体教学设备一套	小组成员坐在同一区域内，以便讨论

二、设备准备

对应小组数量的教学扶梯，供学生上课时认识。

三、任务布置

按要求进行分组，完成以下任务。

仔细观察自动扶梯电气控制系统部件，并填写表 15-1。

表 15-1 自动扶梯电气系统组成

图　　片	名　　称	作　　用

考核评价

形式：现场测试
时间：10 分钟
内容要求： 　　请老师随机指出自动扶梯电气控制系统部件，学生回答部件名称及功能作用。
记录：

作业巩固

1. 自动扶梯电气控制系统是自动扶梯的"大脑"，应能对电动机的_____、_____、_____、"星-三角"变换进行全面的控制和管理，对运行中发生的_____、_____、_____、_____、_____、驱动链断、传动链断、梯级运行速度与扶手带运行速度偏离等多种故障实施高速并行处理。

2. 自动扶梯的电气控制系统一般由_____、_____、_____、电动机、电磁制动器、起动停止开关、速度检测电气装置、安全保护开关、传感器、扶手照明电路、故障及状态显示器、报警装置等部件组成。

3. 自动扶梯的照明系统可分为（　　　　）。

A. 机房照明　　　　　B. 扶手照明　　　　　C. 围裙板照明　　　　D. 梳齿板照明

4. 空气开关自动脱扣的关断作用是（　　　　）。

A. 短路保护　　　　　B. 过载保护　　　　　C. 失压保护　　　　　D. 过压保护

5. 自动扶梯控制柜的内部不包括（　　　　）。

A. 主控板　　　　　　B. 变频器　　　　　　C. 接触器　　　　　　D. 检修盒

6. 自动扶梯的照明系统中要求亮度不小于（　　　　）。

A. 25 lx　　　　　　　B. 30 lx　　　　　　　C. 50 lx　　　　　　　D. 100 lx

7. 自动扶梯一体化控制器由（　　　　）组成。

A. 主控板　　　　　　B. 变频器　　　　　　C. 接触器　　　　　　D. 继电器

项目 16

自动扶梯其他系统结构

知识准备

一、自动扶梯桁架系统

国家标准规定，除使用者可踏上的梯级、踏板和可接触的扶手带部分外，自动扶梯和自动人行道的所有机械运动部分均应完全封闭在无孔的围裙板或墙内，所以自动扶梯必须有桁架。桁架是设备整体结构的骨架，是自动扶梯的基础部件，具有装配和支撑各个部件、承受各种载荷，以及跨越不同楼层面的作用。桁架一般由上水平段、下水平段和

图 16-1　桁架式金属结构

直线段组成，有整体式和分体式两种。自动人行道通常为分体式。桁架一般有桁架式和板梁式两种，通常采用桁架式金属结构（图 16-1）或桁架式与板梁式相混合的金属结构。

自动扶梯的桁架由角钢、槽钢或矩形钢管等型材焊接而成，进行喷砂处理后再对桁架段整体热镀锌。常用型材如图 16-2 所示。桁架具有足够大的刚度和强度。桁架的强度和刚度必须符合国家标准，否则会影响自动扶梯或自动人行道的正常运行性能。一般规定，对于普通型自动扶梯或自动人行道，按乘客载荷计算或实测的最大挠度不

应超过支承距离的 1/750；对于公共交通型自动扶梯或自动人行道，其挠度不应超过支承距离的 1/1 000。

角钢　　　　　　　　槽钢　　　　　　　矩形钢管

图 16-2　桁架常用型材

如图 16-3 所示为桁架位置及桁架支撑导轨、驱动系统等内部结构。

当自动扶梯提升高度超过 6 m 时，一般在上、下两个水平段之间设置中间支撑构件来增加桁架的强度和刚度，以提高振动性能和整机运行质量，如图 16-4 所示。

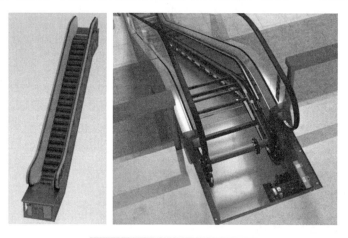

图 16-3　桁架支撑内部结构

图 16-4　桁架中间支撑

桁架主要由上弦材、下弦材、纵梁、斜梁、底板、钢板等部件组成（图16-5）。为了避免自动扶梯桁架和建筑物直接接触，以防振动与噪声的传播，在支撑桁架的支座下衬以减振金属片，将桁架与建筑物隔离开来。一般情况下，自动扶梯采用双支座支撑的模式，当提升高度过高，桁架没有足够的刚度时，会在桁架中部增加一个或多个中间支撑。

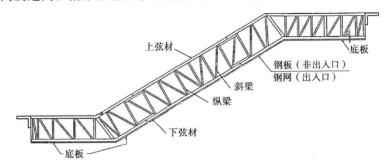

图 16-5　自动扶梯桁架

二、自动扶梯润滑系统

自动扶梯的梯级、扶手带循环运行，其机械零件经相对运动摩擦后会产生大量热量，如不采取措施，会造成机件严重磨损，破坏设备的结构性能。因此，自动扶梯需配备自动加油润滑装置，可以减少机件摩擦产生的热量，降低运行噪声，延长使用寿命。润滑装置分为润浸式自动润滑装置、电磁阀控制式润滑装置和滴油式润滑装置三种。由于滴油式润滑装置在扶梯长时间不用的情况下，存在不能停止加油而造成浪费的缺陷，目前扶梯制造厂家已经很少采用这种润滑装置。

目前，所有梯级链与梯级的滚轮均为永久性润滑。主驱动链、扶手驱动链及梯级链则由自动控制润滑系统分别进行润滑。

如图 16-6 所示为自动扶梯自动润滑系统。该系统由润滑泵通过喷油嘴向梯级链、驱动链、扶手带链输送润滑油。自动润滑系统会根据事先设定的供油周期和用量，定期定量地向润滑点供油，润滑油经分配器后沿着输油管，由油刷加注到润滑点，以提高运行性

图 16-6　自动扶梯自动润滑系统

能并延长使用寿命。润滑系统中泵或电磁阀的起动时间、给油时间均由控制柜中的延时继电器或微机内部时间继电器控制。

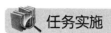 任务实施

一、课堂准备

课堂准备及布置如下。

场地准备	课堂布置
6人用实训场地五块，对应数量的课桌椅，黑板一块，多媒体教学设备一套	小组成员坐在同一区域内，以便讨论

二、设备准备

对应小组数量的教学扶梯，供学生上课时认识。

三、任务布置

按要求进行分组，完成以下任务。

仔细观察自动扶梯桁架系统和润滑系统，并填写表16-1。

表16-1　自动扶梯桁架系统和润滑系统部件的名称和作用

图　片	名　称	作　用

续表

图 片	名 称	作 用

考核评价

形式：现场测试
时间：10 分钟
内容要求： 　　请老师随机指出自动扶梯桁架系统和润滑系统部件，学生回答部件名称及功能作用。
记录：

作业巩固

1. 桁架是设备整体结构的骨架，具有_____和_____各个部件、承受各种载荷，以及跨越不同楼层面的作用。

2. 桁架一般有_____和_____两种，通常采用_____金属结构或桁架式与板梁式相混合的金属结构。

3. 桁架主要由_____、_____、_____、_____、_____、_____等部件组成。

4. 自动扶梯需配备自动加油润滑装置，其作用有_____、_____、_____。

5. 自动扶梯自动润滑系统由_____通过喷油嘴向_____、_____、_____输送润滑油。

6. 自动扶梯的润滑装置主要有（　　）几种类型。

A. 自动润滑装置
B. 电磁阀控制式润滑装置
C. 滴油式润滑装置
D. 无润滑